Wertvolles von unseren Bienen

Wertvolles von unseren Bienen

STEPHANIE BRUNEAU

Bildquellen

Alle Aufnahmen stammen von Coolburns & Co., mit Ausnahme von:
Shutterstock, Seite 6, 10, 11, 34, 45, 85, 91, 93, 95, 100–101, 104, 105, 106, 107, 147;
iStock, Seite 37 (unten);
Wikimedia Commons, Seite 42, 58, 66, 67, 113, 124;
und Stephanie Bruneau, Seite 12, 13 und 37 (oben).

Impressum

Bibliografische Information der Deutschen Nationalbibliothek

Die Deutsche Nationalbibliothek verzeichnet diese Publikation in der Deutschen Nationalbibliografie; detaillierte bibliografische Daten sind im Internet über http://dnb.d-nb.de abrufbar.

Die amerikanische Originalausgabe erschien unter dem Titel Stephanie Bruneau, The Benevolent Bee.

Design: Bülent Yüksel
Seitenlayout: Laia Albaladejo

Wollgrasweg 41, 70599 Stuttgart (Hohenheim)
E-Mail: info@ulmer.de
Internet: www.ulmer-verlag.de

Übersetzung: Claudia Händel, Team Ade
Satz: BUCHFLINK Rüdiger Wagner, Nördlingen
Druck und Bindung: 1010 Printing International Ltd
Printed in China

ISBN 978-3-8186-0402-8

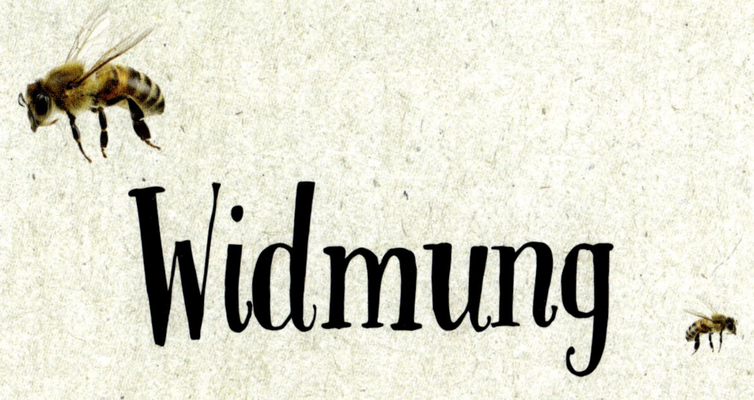

Widmung

Für Emile. Ich bin so glücklich zu Hause in unserem Bienenstock.

Inhalt

Einführung

Hallo, ich bin Stephanie Bruneau, Imkerin, Umweltpädagogin, Hobby-Kräuterheilkundlerin, Künstlerin, Hausfrau und Mutter von zwei jungen angehenden Imkern. Meine Leidenschaft sind Bienen, das Leben im Einklang mit der Natur und gesunde, kreative und glückliche Kinder aufzuziehen.

Ich werde immer gefragt „Warum Bienen?". Die Antwort lautet: Ich weiß nicht recht. Es ist einfach ein Teil von mir und ich habe großes Glück, dass ich meine Leidenschaft entdecken durfte. Genauso wie ein Künstler zu einer Leinwand oder ein Musiker zu einem Instrument habe ich mich stets zur Natur und insbesondere zu Bienen hingezogen gefühlt. Wenn ich mit den Bienen arbeite, erfüllt mich ein Gefühl der Ruhe und des Glücks, ich fühle mich hoffnungsfroh, völlig im Reinen mit mir selbst und einem inneren Frieden. Vor zehn Jahren, als mein Mann und ich unseren ersten Bienenstock im Garten aufstellten, wusste ich sofort, dass Imkern für immer Teil unseres Lebens sein würde. In jenem ersten Sommer stellten wir Gartenstühle neben den Bienenstock und haben stundenlang nur beobachtet, wie die Bienen ein- und ausflogen.

Mein Interesse an den Produkten eines Bienenstocks erwachte erst später. Als sich zu unserem ersten Bienenstock ein zweiter, dann ein vierter und dann noch mehr Bienenstöcke gesellten, hatten wir mehr Honig, als wir bewältigen konnten, plus einen wachsenden Vorrat an Bienenwachs, mit dem wir experimentieren konnten. Ich fing an, einfache Kerzen zu machen und habe mich schnell in den Honigduft und den goldenen Glanz von selbst gemachtem Bienenwachs auf dem Esstisch verliebt. Dann, als meine Tochter Clara gerade ein Jahr alt war, bekam sie einen fürchterlichen Husten, der die ganze Familie mehrere Nächte hintereinander auf Trab hielt. Der Arzt empfahl einen Löffel Honig vor dem Schlafengehen und nannte eine renommierte Studie, die nachwies, dass Honig wirksamer zur Beruhigung von Husten ist als der Hauptbestandteil in den meisten Hustensirups wie Dextromethorphan. Er schlug ebenfalls eine Erkältungssalbe zum Einreiben vor und fügte hinzu: „Sie imkern doch oder? Wenn Sie Bienenwachs haben, könnten Sie ganz einfach Ihre eigene Salbe machen, anstatt das auf Mineralöl basierende Präparat aus der Apotheke zu kaufen." Die Vorstellung, unsere eigenen Bienenprodukte zu nutzen, um zur Heilung von Clara beizutragen, war ermutigend und aufregend. Im Internet fand ich Rezepte für eine Kräutersalbe zum Einreiben der Brust, und an jenem Abend machte ich einen Schwung Salbe, indem ich unser eigenes Bienenwachs mit Bio-Olivenöl und ätherischen Ölen von Eukalyptus, Lavendel und Rosmarin mischte. Es fühlte sich zutiefst befriedigend an, Claras Brust und Füße damit in jener Nacht sanft einzureiben – das war zu Salbe gewordene Liebe und Fürsorge. Wir haben in jener Nacht alle durchgeschlafen.

Heute verkaufen wir unseren Honig, selbst gemachte Kerzen und Körperpflegeprodukte auf Basis von Bienenwachs auf Bauern- und Kunsthandwerksmärkten in der Region, und wir verwenden täglich Bienenprodukte für die Gesundheit und das Wohlbefinden unserer Familie. Wir würzen unser Frühstücksmüsli mit Pollen, was seinen Nährwert enorm steigert, Halsspray mit Propolis und Honig-Zitrus-Sirup bringen uns sicher durch die kalte Jahreszeit, und der Energiekick von Gelée royale gibt mir die Power für langes Joggen und so manchen müden Morgen. Seitdem ich herausgefunden habe, dass ich eigentlich äußerst allergisch gegen Stiche von Honigbienen bin, bekomme ich wöchentlich eine Dosis Bienengift, um die Empfindlichkeit meines Körpers zu reduzieren, und ich habe viel über die Vorteile des heilsamen Stichs der Bienen gelernt. (Nein, das ist kein Witz! Mehr über meine Allergie und die Vorteile von Bienengift an späterer Stelle …) Der Gebrauch von Produkten aus dem Honigbienenstock wegen ihrer köstlichen, gesunden und praktischen Eigenschaften ist auf der ganzen Welt seit langem belegt und reicht Jahrhunderte zurück. Honig verdirbt nicht – der im Grab von Pharao Tutanchamun (datiert auf etwa 1330 v. Chr.) gefundene Honig ist genauso süß und köstlich, nahrhaft und frisch wie der Honig, den wir von unseren Bienen hier in Philadelphia letztes Frühjahr geerntet haben. Die Vorteile von Bienenprodukten für die Gesundheit, die seit Jahrhunderten von der Weltbevölkerung geschätzt werden, sind heute genauso aktuell wie im alten Ägypten. Der Zahn der Zeit konnte dem Gebrauch von Bienenprodukten nichts anhaben – ihre Verwendung ist länger her als jede wissenschaftliche Studie dokumentiert.

In diesem Buch werden wir uns mit den sechs hauptsächlichen Bienenprodukten beschäftigen: Propolis, Pollen, Honig, Gelée royale, Bienengift und Bienenwachs. Gemeinsam erforschen wir, wie und warum Bienen diese Produkte erzeugen, wie sie von Menschen auf der ganzen Welt im Laufe der Jahrhunderte genutzt wurden und wie Imker heutzutage die Produkte ernten. Ich werde auch Rezepte mit Bienenprodukten verraten, die ich für Gesundheit, Wellness und Ernährung verwende, ebenso wie die einfachen Anleitungen für einige unserer familienfreundlichen Lieblingsbasteleien mit Bienenprodukten.

Mit diesem Buch möchte ich mit Ihnen meine unendliche Begeisterung für Honigbienen teilen, meine immer größere Ehrfurcht vor dem Honigbienenstock und den erstaunlichen Produkten, die daraus hervorgehen, und Ihnen einige der zeitlosen und bewährten Verwendungen dieser Produkte vorstellen. Ich hoffe, dass Sie sich von meiner Energie anstecken und dazu anregen lassen, ein paar dieser Rezepte selbst auszuprobieren. Außerdem hoffe ich, dass Sie mithilfe von Bienen in Ihrer Nachbarschaft einen größeren Einfluss auf das Wohl Ihrer Familie nehmen können.

Unser Lehrbienenstand

Der Bienenstand „The Benevolent Bee" liegt etwas außerhalb der Stadtgrenzen von Philadelphia auf dem Friedhof West Laurel Hill in Bala Cynwyd, Pennsylvania. Hier ernten wir die Erzeugnisse der Honigbienen, beobachten die Bienen und lernen von ihnen. Diese Erkenntnisse geben wir weiter, indem wir Studenten und Schüler jeden Alters über Bienen und Bienenverhalten unterrichten.

West Laurel Hill ist eine wunderschöne nachhaltige fortschrittliche und dynamische Einrichtung, der anzugehören uns (Menschen wie Bienen) sehr stolz macht.
Die 1869 gegründete Einrichtung ist ein gemeinnütziger und überkonfessioneller Friedhof, der gleichzeitig ein Arboretum, ein Freiluft-Skulpturenpark und geschichtsträchtiger Ort ist, somit ein großartiger Standort für unsere Bienen und ein allseits beliebtes wunderbares Fleckchen Erde.

Die freundliche Aufnahme unserer Bienenstöcke ist nur ein Teil der Bestrebungen der Organisation, Vorreiter in Sachen Nachhaltigkeit zu sein – West Laurel Hill verwendet keine Chemikalien und Pestizide bei seiner Rasenpflege und Gebäudewartung und setzt sogar Ziegen ein, um wuchernden Pflanzen Einhalt zu gebieten.

Unser Bienenstand befindet sich in der nördlichsten Ecke des Grundstücks neben dem Naturschutzgebiet und der Wildblumenwiese.

Bienenprodukte aussuchen

Als Imker wird Sie das Buch so beraten, dass Sie alles, was Ihr Bienenstock bietet, in vollem Umfang nutzen können. Wenn Sie kein Imker sind, kaufen Sie die Bienenprodukte, die Sie für die Rezepte in diesem Buch brauchen. Beziehen Sie unbehandelte Produkte (ohne Pestizide oder sonstige chemische Behandlung) aus Ihrer Region: Sie sind besser für Ihre Gesundheit und die Umwelt.

Produkte aus der Region kaufen

Das wachsende Engagement für Lebensmittel aus der Region, wie z. B. regional hergestellter Honig sowie Bienenprodukte, verdankt man teilweise der Erkenntnis, dass weither importierte Lebensmittel unglaublich ressourcenintensiv sind und ungeheure Verpackungsmengen und fossile Brennstoffe verschlingen. Der 2015 in den USA meist importierte billige Honig stammt aus China, Argentinien, Mexiko oder Kanada und lag bei einem durchschnittlichen Preis von 1,96 USD pro kg und deutlich unter dem der Imker aus der Region (zum Vergleich: Der „Benelovent Bee"-Preis liegt bei ca. 7,50 USD pro kg). Aufgrund dessen greifen Imker, die im Geschäft bleiben und sich über Wasser halten wollen, auf kommerzielle Bestäubung zurück, ein Nebenprodukt der Erwerbslandwirtschaft, bei der Bienenstöcke Tausende von Kilometern weit transportiert werden, um große Monokulturen wie Apfel-, Heidelbeer-, Preiselbeer-, Mandel- und Orangenplantagen sowie andere in Massen produzierte Agrarprodukte zu bestäuben. Da die Bestäuber auf diesen ertragsstarken Landwirtschaftsflächen kein natürliches Habitat vorfinden, zahlen die Bauern den Imkern bis zu 200 USD pro Bienenstock für Bestäubungsleistungen während der Blütezeit der Feldfrucht. Diese Reisen quer durchs Land sind unglaublich strapaziös für die Bienen, sowohl wegen der reisebedingten Belastung als auch der intensiven Anwendung von Pestiziden durch die Erwerbslandwirte, die als Rückstände im Honig landen.

Der Lehrbienenstand „The Benevolent Bee" auf dem Friedhof West Laurel Hill.

Mit einem Wort – das Engagement für qualitativ hochwertige Bienenprodukte, die von Kleinimkern hergestellt werden, reduziert Umweltverschmutzung und schont Ressourcen.

Kaufen Sie „unbehandelte“ Produkte

Es ist sehr schwierig, wahrhaft organische Bienenprodukte herzustellen, da Bienen vom Standort ihres Bienenstocks aus viele Kilometer weit fliegen können, um Nektar und Pollen zu sammeln. Bienen aus Stöcken in städtischen oder vorstädtischen Gebieten (wie dem unsrigen) suchen unvermeidlich Blumen in Gärten oder Parks auf, die mit Chemikalien behandelt wurden, und das bedeutet leider, dass es schwer ist, Rückstände dieser Chemikalien in unseren Bienenstöcken und -produkten zu beseitigen. Auf der ganzen Welt gibt es nur ein paar wenige organische Bienenstände – Honig von so weit entfernten Standorten, dass der Imker sicher sein kann, dass die Bienen keine Gelegenheit hatten, mit Chemikalien in Kontakt zu kommen.

Der an einem Bayou von Louisiana ansässige Imker und Krebsfischer Avery Allen führt seine Bienenstände im Atchafalaya Basin, Amerikas größtem Sumpf, wo die Bienen Hunderte von Kilometern von jedem bewohnten Gebiet entfernt sind.

Imker können jedoch sicherstellen, dass die Bienen innerhalb des Bienenstocks keine Pestizide aufweisen, und ihren Honig so verpacken, dass er möglichst viele seiner natürlichen und gesunden Eigenschaften bewahrt. Suchen Sie nach Bienenprodukten, die „unbehandelt“ sind, das bedeutet, dass der Imker keine Antibiotika, Pestizide oder sonstige Chemikalien bei der Führung seiner Bienenvölker verwendet. Wenn Sie schließlich Honig kaufen, ist es immer am besten, „rohen“ (nicht erhitzten) und nur minimal gefilterten zu erwerben, bei dem die Enzyme, Vitamine, Mineralien und sonstigen gesundheitlichen Vorteile erhalten sind. (Im Gegensatz zu Milch und anderen tierischen Produkten besteht kein Anlass dazu, Honig zu pasteurisieren, da er sein eigenes Antibiotikum ist!)

Der an einem Bayou von Louisiana ansässige Imker und Krebsfischer Avery Allen kümmert sich um seine Bienenstöcke (Foto von Mary Canning, Follow the Honey).

Die in diesem Buch enthaltenen Informationen und Rezepte sind nicht dazu gedacht, eine Krankheit oder Erkrankung zu behandeln, zu heilen oder einer solchen vorzubeugen. Wenn Sie ein gesundheitliches Problem haben oder vermuten, eines zu haben, fragen Sie Ihren Arzt nach einer Diagnose und Behandlung. Wenn Sie Bienenprodukte verwenden, versuchen Sie es zunächst stets mit einer kleinen Menge und achten Sie auf allergische Reaktionen, bevor Sie mit der Anwendung fortfahren. Fragen Sie stets einen Arzt Ihres Vertrauens, bevor Sie Bienenprodukte verwenden, insbesondere, wenn Sie ein gesundheitliches Problem haben.

Foto von Mary Canning, Follow the Honey.

Lebensstadien und Aufgaben der Bienen

Die meisten Bienen in einem Bienenstock sind kleine weibliche Arbeiterbienen, die sogenannten Arbeiterinnen. In den Sommermonaten beträgt ihre Lebensdauer 3–6 Wochen beziehungsweise im Winter, wenn das Leben nicht so geschäftig ist, 3–6 Monate. Die Arbeiterinnen arbeiten im Team und erledigen alle anfallenden Arbeiten im Bienenstock gemeinsam. Die jeder Biene zugewiesene Arbeit ändert sich mit zunehmendem Alter.

TAG 1–3

Reinigung des Bienenstocks: Die erste Aufgabe einer Arbeiterin ist die Reinigung der Zellen frisch geschlüpfter Bienen, einschließlich ihrer eigenen.

TAG 4–12

Ammendienst: Ammenbienen versorgen die sich entwickelnden Larven, füttern sie und sehen nach ihnen. Eine Ammenbiene sieht im Laufe des Tages nahezu einmal pro Minute nach jeder Larve in einem Bienenstock!

Die Dienerinnen der Königin: Die älteren Ammenbienen kümmern sich auch um die Bedürfnisse der Königin, füttern sie mit Gelée royale und entsorgen bei Bedarf ihre Ausscheidungen.

TAG 12–18

Nektarsammlerinnen: Stockbienen nehmen den Sammelbienen bei deren Rückkehr von Feldern und Wiesen Nektar und Pollen ab und legen diese in leere Zellen ab, wo Nektar zu Honig und Pollen zu Bienenbrot reifen.

Temperaturkontrolle: Durch Flügelfächern im Inneren und am Flugloch des Bienenstocks kontrollieren die Arbeiterinnen sorgfältig Temperatur und Luftfeuchtigkeit des Bienenstocks. Das Brutnest (wo sich die Larven entwickeln) wird selbst in den kältesten Wintermonaten auf 32–35 °C temperiert.

Wachsfabrik: Ab dem Alter von 12 Tagen ist eine Arbeiterin in der Lage, Bienenwachs zu produzieren, um beim Bau des Wabengebildes mitzuhelfen. Das Wachs wird in Form von Plättchen aus ihrem Unterleib abgesondert.

TAG 18–21

Wachdienst: Sehr wenige Bienen in einem Bienenstock haben aktiven Wachdienst! Diese Wächterbienen stehen am Flugloch des Bienenstocks und halten Ausschau nach Eindringlingen. Bienen mit fremdartigen Pheromonen (Duftstoffen) oder Lebewesen, die keine Bienen sind, wird kein Zugang gewährt.

TAG 22–42

Flugbiene: In ihrem letzten Lebensabschnitt wagt sich die Honigbiene aus dem Bienenstock heraus. Sie fängt mit „Orientierungsflügen" in der Nähe ihres Stocks an und verlängert allmählich ihre Flugstrecke, wobei sie auf der Suche nach Nektar, Pollen und Wasser für den Stock Blumen aufsucht, die mehrere Kilometer entfernt sind.

Geburt einer Biene: Eine neue Arbeiterin schlüpft aus ihrer Zelle.

Propolis

Heilende Kräfte – damals und heute

Das Innere des Honigbienenstocks ist mit einem erstaunlichen antimikrobiellen „Bienenleim“, der sogenannten Propolis, ausgekleidet. Jede winzige Lücke oder jeder zugige Riss im Stock wird mit Propolis versiegelt, die auch das Flugloch des Stocks, seine Wände und sogar die Honigwabe überzieht, und so gleichzeitig dem Wabengefüge Halt verleiht und eine desinfizierende Wirkung ausübt. Propolis wurde auch „Bienenpenicillin“ genannt, da es das Wachstum von Bakterien, Pilzen oder sonstigen unerwünschten Mikroben hemmt, die in der warmen und feuchten Umgebung des Stocks gedeihen könnten. Das Wort *propolis* stammt aus dem Griechischen *pro* (deutsch „vor“, „am Eingang zu“) und *polis* (deutsch „Gemeinschaft“ oder „Stadt“) und bedeutet „vor der Stadt“ oder „zur Verteidigung der Stadt“ (das heißt des Stocks). Bienen verwenden Propolis auch, um potenzielle, von Eindringlingen wie Mäusen in den Bienenstock eingeschleppte Erreger in Schach zu halten. Die Bienen töten diese Eindringlinge und mumifizieren ihre Kadaver mit Propolis, damit sich durch deren Verwesung keine Krankheitserreger im Stock ausbreiten.

Was ist Propolis?

Arbeiterinnen haben die Schlitze in dieser Propolisfalle gefüllt.

Honigbienen erzeugen Propolis aus Baumharzen, die sie aus Blattknospen und Baumsaft sammeln. Die Arbeiterinnen tragen es dann in den Pollenhöschen an ihren Beinen zum Bienenstock zurück. Weil das Harz so klebrig ist, können es die Arbeiterinnen wahrscheinlich nicht selbst abladen (im Gegensatz zum Pollen); sie benötigen deshalb eine andere Biene, die ihnen die Beute abnimmt. Die Bienen vermischen das gesammelte Harz mit Wachs, Honig und Enzymen aus ihrem Magen und verwandeln es so in die erstaunliche und überaus nützliche Substanz, die wir als Propolis kennen. In ihrer endgültigen Zusammensetzung besteht sie aus 50 % Harz, 30 % Wachs, 10 % ätherischen Ölen, 5 % Pollen und 5 % Pflanzenresten, obwohl die Propolis der einzelnen Bienenstände je nach Fundort der einzigartigen Harze, die von den einheimischen Bäumen abgesammelt werden, jeweils etwas anders ausfällt.

F&A

1. In neueren Studien wurde festgestellt, dass Propolis das Wachstum antibiotikaresistenter Bakterien hemmt.

a) Stimmt
b) Stimmt nicht

2. Propolis verleiht der Honigwabe zusätzlichen Halt. Tatsächlich können 500 g mit Propolis überzogene Wachswaben folgendes Gewicht tragen:

a) 1 kg Honig
b) 10 kg Honig
c) 5,5 kg Honig

1. ANTWORT: A / 2. ANTWORT: B

Wie ernten Imker Propolis?

Imker kratzen immer etwas Propolis von den Rändern und Seiten der Beutenteile ab, da der „Bienenkitt" das Hantieren innerhalb der Beute etwas umständlich macht. (Ich habe in meiner Tasche ein kleines Glas zum Aufsammeln der Reste dabei und mit der Zeit kommt eine ganze Menge dieser kleinen Stückchen zusammen.)
Um größere Mengen davon zu gewinnen, legt der Imker ein flexibles Kunststoffgitter mit Zwischenräumen oben auf die Rahmen unterhalb des Deckels der Beute.
Die peniblen Bienen gehen schnell daran, alle Zwischenräume mit Propolis abzudichten. Dieses Kunststoffgitter kann leicht abgenommen und vorübergehend in den Kühlschrank oder die Gefriertruhe gelegt werden. In der Kälte wird die Propolis, die im warmen Stock weich und klebrig ist, schnell brüchig. Durch Biegen des Gitters bricht das hart gewordene Harz und lässt sich leicht herauslösen.

Gesammelte Propolis – der antimikrobielle Klebstoff, den Bienen zum Schutz und zum Abdichten ihres Bienenstocks verwenden – nach dem Abkratzen von der Beute eines Imkers.

Propolis

und ihre Verwendung im Laufe der Geschichte

„Propolis ist eine gelbe und wohlriechende und auch im trockenen Zustand weiche und leicht mastixähnlich zu streichende Substanz. Sie ist sehr warm und hat Zugkraft, sie zieht Dornen und Splitter heraus. Und [in Rauch- oder Dampfform, durch Erhitzen von unten] hilft sie gegen alten Husten, aufgetragen nimmt sie Flechten weg [eine Erkrankung der Haut]."
– Dioscurides, 40–90 n. Chr.

Propolis wurde seit der Antike für die Gesundheit und zur Heilanwendung verwendet – mindestens seit Aristoteles (384–322 v. Chr.), der daselbst das Wort *propolis* geprägt haben soll! Die alten Ägypter nutzten die antiseptischen Eigenschaften von Propolis zur Leicheneinbalsamierung. Im antiken Griechenland beschrieben Aristoteles, der Arzt Pedanios Dioscurides (40–90 n. Chr.) und Galen (129–217 n. Chr.), ein bedeutender Arzt, die medizinische Anwendung von Propolis.

Im alten Rom wurde Propolis von dem Naturforscher und Schriftsteller Plinius dem Älteren ausgiebig genutzt. In seinen *Schriften zur Naturgeschichte* schrieb er, „Propolis wird aus dem Stamm des Storaxbaums oder der Pappel gewonnen und ist von einer festeren Konsistenz, unter Zusetzen der Säfte von Blumen. Dennoch kann man es nicht richtig Wachs nennen, sondern eher die Grundlage der Honigwaben; mit ihr werden alle Einlässe zugestopft, die sonst zum Eintritt von kalten oder anderen verletzenden Einflüssen dienen könnten." Plinius schrieb auch, „Propolis zieht Dornen und andere Dinge, die in den Körper gestochen sind, heraus, verheilt Geschwülste, erweicht Verhärtungen, lindert Schmerzen der Sehnen, heilt Geschwüre, an deren Heilung man schon verzweifelt ist."

Manche Historiker sind der Auffassung, dass das hebräische Wort *tzori*, das überall in der hebräischen Bibel vorkommt, ein Wort für Propolis war. *Tzori* wird in der Regel als eine Art duftendes medizinisches Harz übersetzt, das aus bestimmten Baumarten gewonnen wird. Im Buch Ezechiel wird *tzori* zweimal zusammen mit Honig erwähnt und im Buch Jeremia wird dreimal erwähnt, dass es heilende Eigenschaften hat.

Propolis in kleinen Kugeln nach dem Abkratzen von einer Imkerbeute.

Bienenpropolis kleidet das Innere eines Bienenstocks aus.

Propolis für Ernährung, Gesundheit und Wellness

In jüngerer Zeit wurde viel über die biologische Wirkung von Propolis geforscht und viele der heilenden Eigenschaften, die so viele Kulturen über die Jahrhunderte darüber gepriesen haben, wurden durch die moderne Wissenschaft bestätigt. Es wurde festgestellt, dass über 180 Stoffe in Propolis beim Menschen eine biologische Wirkung entfalten, und viele davon sind unterschiedlich hilfreich. Flavonoide – starke antimikrobiell wirkende Antioxidantien – sind die in Propolis am zahlreichsten vorkommenden Inhaltsstoffe. Ihre antibakteriellen, antimykotischen, antiviralen und entzündungshemmenden Eigenschaften sowie ihre Fähigkeit, schützend auf die Leber, hemmend auf Entzündungen der Mundhöhle und des Zahnfleischs und heilend auf Magengeschwüre zu wirken, wurden wissenschaftlich nachgewiesen.

Propolis kann auch die natürlichen Abwehrkräfte des Körpers gegen Viren und Infektionen stärken. In einer randomisierten doppelblinden placebokontrollierten Studie wurde 430 Kindern über einen Zeitraum von 12 Wochen im Winter entweder ein Pflanzenauszugspräparat oder ein Placebo gegeben. Das Pflanzenpräparat enthielt Propolis (250 mg für Kinder im Alter von 1–3 Jahren/375 mg für Kinder im Alter von 4–5 Jahren), Echinacea (250 mg/375 mg) und Vitamin C (50 mg/75 mg). Es wurde festgestellt, dass im Vergleich zu Placebo 55 % weniger Atemwegsinfektionen bei den Kindern auftraten, die das pflanzliche Präparat einnahmen, und dass die Dauer jeder tatsächlich eingetretenen Erkrankung deutlich kürzer war (die Anzahl der Tage, an denen jedes kranke Kind Fieber hatte, ging um 62 % zurück!). Überzeugend, oder?

Heutzutage wird Propolis als beliebtes Heilmittel verwendet. Die aktuellen Verkäufe hierfür in den USA werden auf 18 160 kg pro Jahr geschätzt. Aufgrund der langen Liste ihrer viel gepriesenen und vielfältigen Vorteile wird Propolis in vielen Hausmitteln und Körperpflegeprodukten verwendet. Sie ist in Form von Kapseln, als Alkohol- oder Glycerinextrakt und als Mundwasser erhältlich und Bestandteil vieler Cremes und Kosmetika.

Der Imker und Notfallchirurg J. C. aus dem Raum Philadelphia stellt seit Jahren Hausmittel aus seinen Honigbienenständen her und verwendet sie, um sein persönliches Wohlbefinden zu steigern und seine eigenen Zipperlein zu behandeln. Aber sein Respekt vor den Heilkräften von Propolis stieg enorm, als er einer Frau mit einer hartnäckig infizierten Beinwunde ein kleines Glas selbst gemachter Propoliscreme gab. Und das erzählte er „The Benevolent Bee“:

Die Geschichte von J. C.

„Vor etwa drei oder vier Jahren untersuchte ich eine ältere Frau mit einer Beinwunde. Ein oder zwei Jahre zuvor war bei ihr ein Koronararterien-Bypass gelegt worden, und der Einschnitt, durch den ein Teil ihrer Vena saphena (große Rosenader) entfernt wurde, um den Bypass zu legen, war niemals verheilt. Man hatte alles Mögliche ausprobiert. Ich glaube, sie kam in unsere Praxis, als alle anderen aufgegeben hatten. Vor kurzem hatte ich ein Präparat aus Ethylalkohol und Propolis, die ich aus meinen Bienenständen geerntet hatte, zubereitet. Seine Konsistenz war wie eine Paste, es war dunkel und roch nach dem Saft von Immergrün. Ich sagte ihr, dass ich kein Allheilmittel für ihre Wunde, aber etwas aus meinen Bienenständen hätte, von dem man wusste, dass es zumindest bei der Bekämpfung der Keime helfen würde. Ich sagte auch, dass das Zeug für nichts zugelassen sei, aber dass ich es ihr geben würde, sofern sie es ausprobieren wolle. Also reinigte ich die Wunde, schmierte etwas Propolis in die Wunde und ließ sie trocknen, bevor ich sie mit zwei breiten Verbänden verband. (Die Wunde selbst war 5-7,5 cm lang.) Ich sagte ihr, sie solle nach Möglichkeit die Verbände eine Woche drauflassen und sie dann wechseln (bei Bedarf auch früher), dabei die Wunde von Propolisresten säubern und etwas Propolis neu auftragen. (Ich gab ihr eine Probentube mit etwas Propolis darin und ein paar Wattetupfer.) Dann bat ich sie, eine Woche nach dieser Behandlung wiederzukommen. Das tat sie und sagte mir, wie groß ihr Erstaunen doch sei, dass ihre Wunde abgeheilt war.“

Rezepte

Es ist ganz einfach, aus Rohpropolis seine eigenen Produkte herzustellen. Wenn Sie selbst kein Bienenzüchter sind, können Sie durch einen Besuch beim örtlichen Bauernmarkt oder Imkerverein herausfinden, wo Sie Imker in Ihrer Nähe finden. Unglaublich aber wahr: Die wenigsten Bienenzüchter verwenden Propolis aus ihren Bienenstöcken – dabei ist es ein so wunderbares und nützliches Naturprodukt. Wenn Sie höflich nachfragen, ist es gut möglich, dass Sie eine geringe Menge Propolis gratis oder zu einem vernünftigen Preis bekommen. Rohpropolis kann mit einer Kaffemühle zermahlen werden (wir haben extra eine nur für diesen Zweck). In gemahlenem Zustand kann es ganz leicht in eine Hautcreme oder Öl (zur äußerlichen Anwendung) eingearbeitet, mit einer Flüssigkeit verdünnt (Propolisextrakt) oder – zur innerlichen Einnahme – in Kapseln gefüllt bzw. mit Honig vermischt werden. Diese Produkte stellen zusammen ein hervorragendes, jederzeit verfügbares Abwehrsystem dar, das Ihren Körper beim Heilungsprozess und der Bekämpfung von Keimen unterstützen kann. Trotz der guten Haltbarkeit ist es ratsam, Propolisprodukte lichtgeschützt zu lagern.

Propolis-Tinktur

Es kann nie schaden, etwas Propolis-Tinktur zur Hand zu haben. Bei den ersten Anzeichen von Halsschmerzen oder einer Infektion der oberen Atemwege gibt man ein paar Tropfen Propolis-Tinktur in ein Glas warmes Wasser und gurgelt damit. Alternativ kann man die Tinktur auch als Rachenspray – wie unten beschrieben – verwenden, indem man noch andere pflanzliche Tinkturen wie z. B. Echinacea hinzufügt, um die antibakterielle und antivirale Wirkung noch zu verstärken. Man kann die Tinktur auch zu Körpercremes und Salben hinzugeben.

Ergibt: Menge kann variieren.

Zutaten:

Propolis

Getreide-(Ethyl-)Alkohol (am besten mit 75 % oder mehr Alkoholgehalt. Benutzen Sie auf keinen Fall Reinigungsalkohol, er eignet sich nicht zur Einnahme!)

Zubereitung:

- Zermahlen Sie die Propolis in einer geeigneten Kaffeemühle.
- Geben Sie die gemahlene Propolis und klaren Ethylalkohol im Gewichtsverhältnis von 2:9 in einen verschließbaren Glasbehälter.
- Im Dunkeln lagern und 1–2 Wochen mindestens 1-mal am Tag durchschütteln.
- Danach durch ein Mulltuch oder einen Papier-Kaffeefilter in ein Tropffläschchen aus Braunglas sieben und im Medizin- oder Küchenschrank aufbewahren.

Honig-Propolis-Rachenspray

Dieses äußerst wirkungsvolle Spray hilft bakteriellen Racheninfektionen wie z. B. Streptokokken-Infektionen vorzubeugen.

Ergibt: 6 EL (100 g)

Zutaten:

3 EL (45 ml) Propolis-Tinktur

2 EL (40 g) unbehandelter Honig aus der Region

1 EL (15 ml) warmes Wasser

Zubereitung:

- Alle Zutaten in einer Sprühflasche zusammenmischen.
- Bei Halsschmerzen einfach in den hinteren Rachenraum sprühen.

Propolisöl

Forschungsergebnisse zeigen, dass von allen untersuchten Methoden ein Propolisöl-Extrakt die stärkste antimikrobielle Wirkung zeigt. Äußerlich angewandt wirkt es schmerzlindernd und hilft bei der Heilung von Schnitt- und Schürfwunden. Propolisöl kann auch in Lotionen und Salben verwendet werden (siehe Rezepte im Abschnitt Bienenwachs); es wirkt wahre Wunder bei Hautirritationen oder stark trockener Haut, wie sie beispielsweise bei Ekzemen oder Schuppenflechte vorkommt.

Ergibt: 200 g

Zutaten:

1 EL (10 g) Propolisreste

200 g Oliven-, Aprikosenkern- oder Mandelöl (siehe Seite 143, um das richtige Öl zu finden)

Zubereitung:

- Zermahlen Sie die Propolis in einer geeigneten Kaffeemühle.
- Geben Sie Propolis und Öl zusammen in einen Wasserbadtopf.
- Zur Temperaturkontrolle verwenden Sie ein Thermometer, da Öl auf höchstens 50 °C erhitzt werden darf, sonst könnte die Wirksamkeit von Propolis zerstört werden.
- Unter regelmäßigem Umrühren mindestens 30 Minuten, höchstens jedoch vier Stunden erhitzen.
- Die Mixtur durch einen Papier-Kaffeefilter sieben.
- Die im Kaffeefilter verbliebenen Propolisreste können im Kühlschrank oder Eisfach aufbewahrt und beim nächsten Mal zur Ölherstellung verwendet werden.
- Das fertige Öl in einem Einmachglas luftdicht verschließen und an einem dunklen Ort lagern.

Kräuter-Mundwasser mit Propolis

Propolis besitzt die Fähigkeit, das Wachstum von Bakterien, die Zahnfleischentzündungen bzw. -erkrankungen und Karies verursachen, zu hemmen, und eignet sich somit ausgezeichnet als wirksame Zutat in Mundpflegeprodukten. Man kann die Tinktur zur Linderung direkt auf einen schmerzenden Zahn oder Lippenherpes auftragen, und allgemeine Gesundheitsprobleme im Mundraum können mit einem Mundwasser aus Propolis in Wasser bekämpft werden (ich empfehle 1 Teil Tinktur auf 9 Teile Wasser). Die renomierte Kräuterexpertin Rosemary Gladstar hat zu diesem Zweck ein wundervolles Rezept für ein Kräutermundwasser zusammengestellt, das Ihnen den Gang zum Zahnarzt ersparen kann. Ich selbst habe ihr Grundrezept auf den Geschmack meiner Familie angepasst und wegen seiner Heilwirkung mit Propolis ergänzt.

Ergibt: 1 Tasse (240 ml)

Zutaten:

¾ Tasse (180 ml) Wasser

¼ Tasse (60 ml) Wodka

2 Pipetten Calendula-Tinktur

2 Pipetten Echinaceawurzel-Tinktur

1 Pipette Myrrhe-Tinktur

2 Pipetten Propolis-Tinktur

1 Tropfen Pfefferminzöl oder ätherisches Grüne-Minze-Öl (ich persönlich würde es weglassen, aber viele Menschen mögen den Minzgeschmack!)

Zubereitung:

› Alle Zutaten in einem Einmachglas vermengen.

› Jeden Abend nach dem Zähneputzen 30 Sekunden den Mund damit durchspülen. Nicht schlucken!

Bienenpollen

Ein Nährstoffkraftwerk

„Guck mal, Mama! Die Bienen haben heute blaue Beinwärmer an!" Unsere vierjährige Clara beobachtet aufgeregt, wie Sammelbienen in unseren Beobachtungsstock im Wohnzimmer einfliegen. Die Bienen klettern das transparente Kunststoffrohr hoch, das durch das Wohnzimmerfenster und bis in ihre Behausung aus Plexiglas führt. Ihre kleinen Hinterbeine sind voll mit Kugeln von blauviolettem Pollen, völlig anders als die Gelb- und Orangetöne, die wir sonst zu sehen bekommen. Woher stammen diese Pollen?

Auf unserem Spaziergang mit dem Hund an diesem Nachmittag sehen wir uns die Blütenpflanzen genau an. Es dauert nicht lange, bis wir die Quelle der blauen Pollen in dem wunderschönen blauen Sibirischen Blaustern *(Scilla siberica)*, einem winterharten Frühjahrsblüher, ausfindig machen. Wir tupfen die Pollenkörner aus der Blume auf unsere offene Handfläche und bewundern ihre ungewöhnliche königliche Farbe. Wieder einmal staune ich darüber, wie die Bienen uns die Augen für die Natur auf eine Weise öffnen, die ich niemals erwartet hätte.

Was sind Pollen?

Pollen oder Blütenstaub ist die Art und Weise der Pflanzen, sich zu vermehren. Pollenkörner sind die männlichen Keimzellen einer Pflanze, und der Wind oder Insekten übertragen die Körner von einer Blume zur anderen und stellen so die genetische Vielfalt sicher. Bestimmte Blütenpflanzen haben sich in einem Prozess, der Koevolution genannt wird, so entwickelt, dass sie für Bienen attraktiv und vorteilhaft sind. Die Pflanzen liefern nährstoffreiche Pollen und süßen Nektar, und die Bienen sorgen dank ihrer behaarten Körper und ihres natürlichen Verhaltens für eine zuverlässige Pollenübertragung von einer Blüte zur anderen.

Wenn Sammelbienen den Stock verlassen, um Pollen zu sammeln, bleiben sie bei jedem Besuch einer bestimmten Blumenart treu und besuchen niemals verschiedene Blütenpflanzen auf demselben Flug. Diese evolutionsbedingte Anpassung bedeutet, dass Bienen Apfelblütenpollen zu einer anderen Apfelblüte bringen, wo diese zur Bestäubung benötigt werden, und nicht zu einer Rose, wo sie nichts bewirken. Es bedeutet auch, dass jedes Pollenkorn, das Bienen zum Stock zurückbringen, eine einheitliche Farbe aufweist. Der Blick auf eine Ansammlung von Pollenkörnern erinnert mich an den Anblick von Sand aus der Nähe. Aus der Ferne verschmelzen die unterschiedlichen Farben und Strukturen der Körner, aber aus der Nähe kann man gut viele verschiedene Farben erkennen.

Pollen ist wichtig für die Pflanzen, aber auch entscheidend für die Bienen. Pollen ist der Hauptlieferant für Eiweiß, Fett, Vitamine und Spurenelemente in der Nahrung der Honigbiene und wird sowohl an die erwachsenen Bienen im Stock als auch an die sich entwickelnden Larven verfüttert. Da die Königin im Frühsommer bis zu 1500 Eier pro Tag legen kann, gibt es bis zu 30 000 (!) sich entwickelnde Larven, die Eiweiß brauchen, um zu Bienen heranzuwachsen. In einem Jahr verbraucht ein Bienenstock rund 34 kg Pollen. Um diesen Jahresvorrat heranzuschaffen, sind ungefähr eine Million Sammelflüge aus dem Stock notwendig.
Bienen sammeln Pollen getrennt von den Ausflügen zum Nektarsammeln und suchen Blumen aus, die die nahrhaftesten und am leichtesten zu sammelnden Pollen haben, wobei diese nicht unbedingt die besten Pflanzen hierzu sein müssen. Auf jedem Flug aus dem Stock sucht eine Sammelbiene, die Pollen sammelt, 10–100 Blüten auf und unternimmt bis zu 20 Flüge pro Tag. Mit ihren mit Speichel befeuchteten Vorderbeinen bürstet sie den Pollen ab, der sich an ihrem pelzigen Körper ansammelt, und schiebt ihn in die von den Imkern sogenannten „Pollenhöschen", die Clara „Beinwärmer" und die Wissenschaftler *„Corbiculae"* (Körbchen) nennen – eine winzige Höhlung außen an jedem Hinterbein. Der Speichel und etwas Nektar befeuchten die Pollenkörner und halten sie zusammen, und die winzigen Härchen am Bein der Biene helfen dabei, dass das Pollenklümpchen an Ort und Stelle bleibt.

Nach Ankunft der Sammelbiene im Stock helfen ihr die Stockbienen bei der Abgabe der Pollen in Honigwabenzellen, angeordnet in einem halbkreisförmigen Ring direkt außerhalb eines Bereichs mit sich entwickelnden Larven und direkt innerhalb eines ähnlichen Rings aus Honigräumen. Diese Stockbienen vermischen die Pollen weiter mit mehr Speichel (der Enzyme aus dem Magen der Biene enthält) und Nektar. Diese zusätzlichen Inhaltsstoffe bauen den Pollen ab, fermentieren sie und machen diese so für die Bienen verdaulich. In diesem Stadium wird aus Pollen das super nahrhafte, probiotische Grundnahrungsmittel in der Ernährung der Bienen, nämlich das „Bienenbrot".

1. Ein Pollenklümpchen an einem Bein der Honigbiene enthält

a) 1000–10 000 Pollenkörner
b) 10 000–80 000 Pollenkörner
c) 100 000–5 000 000 Pollenkörner

2. Pollen sind die Eiweißquelle in der Nahrung der Honigbiene. Wie viel kg Pollen verbraucht ein durchschnittliches Bienenvolk jedes Jahr?

a) 6,8 kg
b) 34 kg
c) 54,5 kg

1. ANTWORT: C / 2. ANTWORT: B

Wie ernten Imker Pollen?

Bienen sammeln so viel Pollen wie sie für ihren Nährstoffbedarf benötigen, was bedeutet, dass ein Imker, wenn er einen kleinen Teil der Pollen für seinen Eigengebrauch oder für den Verkauf ernten möchte, dadurch den Vorräten der Bienen nicht schadet – sie werden einfach ihre Sammelanstrengungen intensivieren, um den Verlust wieder wettzumachen.

Um Pollen zu ernten, stellen Imker am Flugloch eine „Pollenfalle" auf. Das ist ein spezielles Gitter mit Löchern, die gerade groß genug sind, damit Sammelbienen einfliegen können, aber nicht groß genug für ihre mit Pollen beladenen Beine. Die Pollenklümpchen werden bei Einflug der Bienen in den Stock abgestreift und fallen nach unten in eine Auffangschublade. Etwa die Hälfte der zurückkehrenden Bienen fliegt durch die Pollenfalle in den Stock ein und verliert ihre Pollen. Die andere Hälfte fliegt unterhalb der Falle ein, wo das Hauptflugloch für den normalen Betrieb offen gelassen wurde. Imker ernten Pollen nur von starken und gesunden Völkern und nur in Zeiten, in denen Pollen in der Umgebung der Bienen reichlich vorhanden ist. Pollenfallen werden nie länger als 1–2 Wochen hintereinander aufgestellt, um jegliche zusätzliche Belastung für den Stock zu vermeiden. Imker entfernen jeden Tag den Pollen aus der Pollenfalle und bewahren die geernteten Pollenkörner in einem luftdichten Behälter im Kühlschrank auf, da die gesammelten Pollen leicht verderblich sind.

Pollen

und ihre Verwendung im Laufe der Geschichte

So lange wie die Menschheit Honig verzehrt hat, so lange hat sie auch Pollen gegessen, denn unbehandelter Honig enthält Pollen. Der einzigartige Geschmack und die ernährungsphysiologischen Vorzüge von Pollen machen rohen Honig so köstlich und gesund. Obwohl die Geschichte des Verzehrs von Pollen durch die Menschen viel kürzer ist als die des Honigs, hat sie zweifellos dazu beigetragen, dass die Menschen diesen goldfarbenen Süßstoff seit der Steinzeit so geschätzt haben.
Pollen als Nahrungsergänzung oder Arzneizusatz ist erstmals in Büchern von Ärzten im muslimisch beherrschten Spanien (711–1492) zu finden. Auch im Mittelalter empfahl der überragende jüdische Philosoph, Astronom und Arzt Maimonides (1135–1204) den Gebrauch von Pollen als adstringierendes und beruhigendes Stärkungsmittel. Der muslimische Arzt, Wissenschaftler, Botaniker und Pharmakologe Ibn al-Baitar (1197–1248) propagierte den Gebrauch von Pollen in seinem umfangreichsten und am meisten gelesenen Buch, dem *Kompendium der einfachen Heil- und Nahrungsmittel*, in welchem er den Gebrauch von Pollen als Aphrodisiakum mit zusätzlichem Nutzen für Magen, Darm und Herz pries.

Palynologie

Die Erforschung der Pollen

Unter dem Mikroskop sind die unglaublichen Unterschiede zwischen den Pollen einzelner Pflanzen zu erkennen und verschiedene Regionen auf der Welt (oder sogar kleinere Gebiete wie eine bestimmte Wiese) haben regelrechte „Pollen-Signaturen“. Die Pollen in einer Honigprobe können uns einen relativ genauen Zeitpunkt und Ort für die Quelle des Honigs liefern. Neben dem Gebrauch von Pollen im Laufe der Geschichte dienten diese auch dazu, ein besseres Verständnis der Geschichte, sowohl der Antike als auch der Moderne, zu erhalten. Wissenschaftler können versteinerte und neu geerntete Pollen einsetzen, um uns mit ihrer Hilfe die Geschichte der Pflanzen auf der Erde, Klima- und Umweltveränderungen und mehr aufzuzeigen. Es existiert sogar das Fachgebiet der forensischen Palynologie, das mithilfe der Pollen zur Aufklärung von Verbrechen beiträgt. Pollen kann verwendet werden, um Brandstiftung, Kunstfälschungen, gefälschte Arzneimittel und sogar Mordfälle aufzuklären, wobei aus den Nasengängen und der Kleidung eines Opfers entnommene Pollenproben der Polizei dabei helfen festzustellen, wo das Verbrechen geschah.

Pollen für Ernährung, Gesundheit und Wellness

Die Expertin für Geochemie und Geobotanik, C. Leigh Broadhurst meinte: „Alle gesundheitlichen Vorteile, die jemals pflanzlicher Nahrung nachgesagt wurden – von den Heidelbeeren über Brokkoli bis hin zu Knoblauch – können in einem einzigen Pollenhöschen enthalten sein."

Sie hat tatsächlich Recht. Es zeugt von einer gewissen Untertreibung, einfach zu behaupten, dass Pollen nährstoffreich sind. Sie enthalten ein ganzes Alphabet an Vitaminen und alle Spurenelemente, die für Säugetiere lebenswichtig sind (manche davon nur in geringen Mengen vorhanden), ebenso elf Enzyme und Coenzyme, 14 Fettsäuren und mehrere stark wirkende Phytochemikalien (pflanzliche Chemikalien), insbesondere Carotinoide und Phenole wie z. B. Flavonoide und Phytosterole, geschätzt wegen ihrer antioxidativen Eigenschaften, außerdem 12–40 % Gewichtshunderteile Eiweiß (je nach Pollenquelle). Im Gegensatz zu den meisten pflanzlichen Eiweißen verfügen Pollen über die komplette Bandbreite der Aminosäuren, was sie zu einem vollwertigen und ausgewogenen Eiweiß macht.

Man hat herausgefunden, dass die mit diesen nahrhaften und gesundheitsfördernden Substanzen vollgestopften Pollen auf vielerlei Art hilfreich sind:

- Sportler (und müde Eltern) können Pollen einsetzen, um ihre Energie und Ausdauer zu steigern.
- Die Flavonoide im Pollen können cholesterinsenkend und entzündungshemmend wirken und so zur Vorbeugung von Herzkrankheiten beitragen.
- Die stark antioxidativ wirkenden Pollen können dazu beitragen, die unseren Körper schädigenden freien Radikale zu neutralisieren.
- Die in Pollen vorkommende große Bandbreite an Nährstoffen und Spurenelementen trägt dazu bei, die allgemeine Gesundheit und die Immunität zu fördern.
- Pollen enthalten die unsere Blutgefäße und Kapillaren stärkende Phytochemikalie Rutin, u. U. hilfreich bei Krampfadern, Hämorrhoiden und Bluthochdruck.
- Mehrere wissenschaftliche Studien haben nachgewiesen, dass Pollen bei der Behandlung von chronischer Prostatitis (Entzündung der Prostata) hilfreich sind.
- Pollen enthalten das zur medizinischen Behandlung von hohem Cholesterin, Angst- und Gedächtnisstörungen wie Demenz und Alzheimer verwendete Lecithin, das auch zur Unterstützung der Gewichtskontrolle eingesetzt wird. Isst man Pollen vor einer Mahlzeit, können sie den Stoffwechsel anregen und Heißhunger verringern.

Nährstoffe im Bienenpollen

Vitamine

Biotin
Cholin
Inosit
Folsäure
Provitamin A (Beta-Carotin)
Rutin
Vitamin B_1 (Thiamin)
Vitamin B_2 (Riboflavin)
Vitamin B_3 (Niacin)
Vitamin B_5 (Pantothensäure)
Vitamin B_6 (Pyridoxin)
Vitamin B_{12} (Cyanocobalamin)
Vitamin C (Ascorbinsäure)
Vitamin D
Vitamin E
Vitamin K
Vitamin PP (Nicotinamid)

Spurenelemente

Bor
Calcium
Chlor
Kupfer
Jod
Eisen
Magnesium und Natrium (Elektrolyte)
Mangan
Molybdän
Phosphor
Kalium
Selen
Siliziumdioxid (Kieselerde)
Schwefel
Titan
Zink

Bienenpollen und Allergien

Pflanzen, die zur Verbreitung ihrer Pollenkörner auf den Wind angewiesen sind, müssen Milliarden von Pollen produzieren, in der Hoffnung, dass ein winziger Teil dieser Körner zufällig in einer Blüte an einer anderen Pflanze ihrer Art landet. Bei manchen Menschen werden diese Pollen als fremdes Eiweiß im Körper behandelt und lösen eine Reaktion, ähnlich wie bei der Entdeckung von fremden Bakterien, aus. Niesen, die Augen jucken, die Nase läuft – es fühlt sich an wie eine schlimme Erkältung. Nicht lustig!

Pollen, die die Bienen sammeln, sind nicht dieselben, die während der Heuschnupfensaison durch die Luft fliegen. Pollen von durch Insekten bestäubten Pflanzen sind klebrig. Diese Pflanzen sind auf Bienen und andere Insekten angewiesen, die ihre Gene von Blüte zu Blüte tragen, und sie halten ihre Pollen gut fest, bis die Insekten kommen und sie einsammeln können.

Warum also schwören so viele von Pollenallergie Betroffene im Frühjahr auf Honig und Pollen aus der Region als Heilmittel für ihren Heuschnupfen, wenn es eigentlich andere Pollen sind, die die Nieserei verursachen? Ich glaube, dass Pollen bei Allergien helfen, weil sie so viele Vitamine, Spurenelemente und Phytochemikalien enthalten, und dass sie das Immunsystem und die natürlichen Abwehrkräfte des Körpers anregen. Zum Beispiel enthalten Pollen das Flavonoid Quercetin, das ein viel gepriesenes Antihistaminikum ist.

Eine andere Möglichkeit ist die, dass vielleicht die Bienenpollen aus einer durch Insekten bestäubten Pflanze dabei helfen können, die von einer durch den Wind bestäubten Pflanze verursachten Symptome zu behandeln, wenn sie zur gleichen Zeit blühen, beispielsweise tun dies Beifuß und Goldrute im Herbst. Beifuß wird durch Wind bestäubt und ist die Ursache für viele Herbstallergien, Goldrute durch Insekten – sie hat sehr klebrige Pollen, die sehr wahrscheinlich keine allergischen Reaktionen auslösen, da sie sich nicht in der Luft verbreiten. Pflanzenkundler empfehlen jedoch häufig Goldrute als ein Heilmittel gegen eine Beifußallergie.

Goldrutentee mit Honig ist ein altbekanntes pflanzliches Heilmittel gegen Herbstallergien. Vielleicht sind es manche Bestandteile der von den Bienen gesammelten Pollenkörner, die zu den positiven Effekten führen, die so viele Menschen verspüren.

Wie man auf eine

Bienenpollenallergie

testet

Manche Menschen sind gegen Pollen allergisch, daher ist es am besten, dies zu testen, bevor man Pollen der Ernährung hinzufügt. Legen Sie ein oder zwei Pollenklümpchen auf die Zunge und lassen Sie diese im Mund zergehen. Warten Sie, ob irgendwelche Symptome auftreten. Achten Sie darauf, im Falle einer Reaktion Allergiemedikamente griffbereit zu haben.

Rezepte

Bienenpollen kann man heutzutage in vielen Naturkostläden, auf Wochenmärkten oder auch online erwerben. Beim Kauf von Bienenpollen ist besonders darauf zu achten, dass sie nach der Ernte kühl gelagert bzw. gefriergetrocknet wurden, damit sie ihre Frische und Wirkung nicht verlieren. Dies gilt besonders für Online-Käufe.

Wenn Sie Ihre Pollen erhalten, dann nehmen Sie einige der Körnchen genauer unter die Lupe: Frische Pollen sind weich, auf keinen Fall knusprig oder hart zu kauen. Jedes Pollenkörnchen schmeckt anders: Je nachdem, von welcher Blüte die Pollen stammen, können sie entweder süßlich oder leicht bitter schmecken, meistens haben sie jedoch einen kräftigen, puderigen und blumigen, leicht süßlichen Geschmack. Im Kühlschrank gelagert halten die Pollen ungefähr ein Jahr.

Brotaufstrich für ein Power-Frühstück

Dieser Aufstrich schmeckt ganz hervorragend auf Toast, vor allem wenn man noch eine Schicht Bananenscheiben oben drauflegt. Er schmeckt Jung und Alt und ist vollgepackt mit Proteinen, Vitaminen, Mineralstoffen und ausreichend Energie, um Sie und Ihre Familie durch den Morgen zu powern.

Ergibt: ⅔–¾ Tasse (170–220 g)

Zutaten:

¼ Tasse (60 g) Tahina (Sesampaste)

⅓–½ Tasse (110–170 g) unbehandelten Honig aus der Region

2 TL (20 g) Bienenpollen

2 TL (20 g) Kakaopulver

Zubereitung:

- Vermischen Sie alle Zutaten gut, wobei Sie zuerst nur ⅓ Tasse (110 g) Honig hinzufügen, bevor Sie – je nach Geschmack – noch mehr hinzugeben.
- Entweder als Brotaufstrich oder einen Löffel davon als Snack zwischendurch genießen!

Alternativ: Wohlfühlbällchen

- Verfahren Sie zunächst wie oben angegeben und geben Sie dann einfach weitere gemahlene Kräuter oder Gewürze hinzu, die Sie wegen ihrer wohltuenden Wirkung besonders schätzen (z. B. Spirulina, Kurkuma, Maca, Ashwagandha etc.). Entnehmen Sie dieser Mischung 1 TL und formen es in Ihrer Handfläche zu einem Bällchen (ca. 2,5 cm Ø). Legen Sie die Bällchen auf Backpapier in einen luftdicht verschließbaren Behälter und stellen Sie diese in den Kühlschrank. Je nach Geschmack können Sie die Bällchen auch noch in Kokosraspel wälzen.

Honigsenf und Pollen-Dressing

Wir mögen dieses Dressing als gesunde Beilage besonders zusammen mit gedämpftem Brokkoli. Es schmeckt aber genauso gut zu jeder Art von Salat.

Ergibt: ¾ Tasse (180 ml)

Zutaten:

¼ Tasse (60 ml) natives Olivenöl extra

Saft einer ½ Zitrone

2 EL (40 g) Honig

¼ Tasse (60 ml) Apfelessig

1 EL (15 g) Dijon-Senf

1 EL Bienenpollen, die mit einem Mörser und Stößel oder in einer Kaffeemühle zu Pulver zermahlen wurden

1 Prise Meersalz

1 Prise Pfeffer

Zubereitung:

› Alle Zutaten in einen Mixer geben und pürieren.

› Im Kühlschrank aufbewahrt sollte es einige Monate haltbar sein.

Frühstücksflocken mit Kokosnussöl und Pollen

Wenn wir einmal die üblichen Cornflakes aus der Packung essen, können wir förmlich spüren, wie unsere Energie schwindet und der Magen lange vor dem Mittagessen schon wieder knurrt. Wenn wir dagegen diese herzhaften Frühstücksflocken zu uns nehmen, sind unsere Energiespeicher für die nächsten Stunden angefüllt. Ich mag besonders die Zugabe von Kokonussöl, nicht nur weil es super schmeckt, sondern auch weil in letzter Zeit viel über seine gesunden Eigenschaften zu lesen war: Es hält den Energielevel oben und sorgt für ein langes Sättigungsgefühl.

Ergibt: 2 Portionen

Zutaten:

1 Tasse (80 g) Haferflocken

1 EL (15 g) unraffiniertes Kokosnussöl

1–2 Prisen Zimt

1 EL (10 g) Trockenfrüchte (wir mögen besonders Goji-Beeren, Rosinen eignen sich aber genauso)

1 Tasse (240 ml) Milch oder Milchersatz

1 Tasse (240 ml) Wasser

1 TL Pollen

Ein Schuss Honig (besonders empfehlenswert ist Zimthonig, siehe Seite 77)

Zubereitung:

› Haferflocken, Kokosnussöl, Zimt, getrocknete Früchte, Milch und Wasser zusammen in einen mittelgroßen Stieltopf geben.

› Zum Kochen bringen, danach die Hitze reduzieren und so lange köcheln lassen, bis die Flüssigkeit aufgenommen wurde und die Flocken die gewünschte Konsistenz haben (ca. 5 Minuten).

› Pollen und Honig hinzugeben und servieren.

Energie-Smoothie für zwischendurch

Dieser Smoothie eignet sich besonders gut als Snack am Nachmittag. Sie können ihn morgens zubereiten und im Kühlschrank aufbewahren, bis Sie einen nachmittäglichen Energieschub nötig haben.

Ergibt: 2–3 Portionen

Zutaten:

1 geschälte Banane (kann auch gefroren sein)

1 Tasse (245 g) Mango- oder Ananasstückchen (können auch gefroren sein)

1 Tasse (240 ml) Mandelmilch

4–5 Stücke kandierten Ingwer

1 EL (15 g) Mandelbutter (oder eine andere Nussbutter)

1 TL Pollen

Zubereitung:

› Alle Zutaten zusammen in einen Mixer geben und fein pürieren.

Variante:

› Mit diesem Rezept können Sie Ihrer Kreativität freien Lauf lassen. Wenn Sie es etwas süßer mögen, dann geben Sie einige entkernte Datteln dazu. Mögen Sie Gemüse im Drink, dann fügen Sie zerkleinerten Grünkohl oder Spinatblätter bei (bei diesem Rezept bis zu 2 Tassen [35 g] hinzufügen). Sollten Sie keinen Ingwer mögen, dann lassen Sie ihn einfach weg.

Honig

Ein super Lebensmittel seit altersher

Genau wie bei Winnie Puuh mit seinem Honigtopf überrasche ich häufig Mitglieder unserer Familie mit einem Löffel oder klebrigen Fingern in einem Honigglas.

Wir bringen von allen unseren Reisen Honig mit, und das Regal über unserer Küchenspüle kann sich jederzeit mit mindestens 15–20 offenen Honiggläsern verschiedenster Art brüsten. Unsere vierjährige Clara ist bekannt dafür, vor dem Schlafengehen einen Husten vorzutäuschen, da sie weiß, dass sie dann einen Löffel mit dem besten Hustensirup der Natur bekommt!

Unsere Wertschätzung für diesen goldfarbenen Schatz fängt schon bei dem süßen Geschmack auf der Zunge an, sie reicht jedoch viel tiefer. Der Honig mit seinen erstaunlichen ernährungsphysiologischen und heilkundlichen Vorzügen, einer die Jahrhunderte und Kontinente umfassenden Geschichte sowie die immensen Anstrengungen der Bienen, die in jedem Teelöffel Honig zum Ausdruck kommen, erstaunt uns immer wieder.

Eine Biene saugt Nektar aus einer Hortensienblüte.

Wie machen Bienen Honig?

Sobald die Tagestemperaturen auf über 13 °C ansteigen und die Blumen blühen, fliegen Sammelbienen von Blüte zu Blüte und sammeln Nektar, den sie zurück in den Stock bringen, um daraus Honig zu machen. Während Pollen das Eiweiß in der Nahrung einer Honigbiene liefern, ist Honig der Hauptlieferant der Kohlenhydrate für den Stock, die den Brennstoff für die unermüdlichen Anstrengungen der fleißigen Arbeiterinnen liefern.

Wenn eine Arbeiterin etwa 22 Tage alt ist, darf sie endlich den Stock verlassen und erhält den Status als „Sammlerin". An einem sonnigen Nachmittag nehmen erfahrene Sammlerinnen die „Neulinge" auf einen Übungsflug um den Bienenstock mit. Sammelbienen sind für das Sammeln von Nektar, Pollen, Propolis und Wasser für den Stock verantwortlich. Eine Sammlerin fliegt unter Umständen 50–100 Blüten bei jedem Flug aus dem Stock und bis zu 2000 Blüten pro Tag an! Diese unermüdliche Arbeitsmoral hat ihren Preis: Bienen in den wärmeren Monaten leben nur 3–6 Wochen, Bienen in den kälteren Monaten dagegen 3–6 Monate.

Aus jeder Blüte saugt die Sammelbiene Nektar in ihren Honigmagen, wo er sich mit Enzymen und Bakterien vermischt. Nach ihrer Rückkehr in den Stock übergibt die Sammelbiene den Nektar (von Rüssel zu Rüssel) an den Honigmagen einer jüngeren Stockbiene, die den Nektar dann in eine leere Wabe verbringt. Die Stockbienen entziehen dem Nektar überschüssiges Wasser, indem sie mit den Flügeln fächeln und den Nektar bis zu 200-mal mit ihrem Schlund aufnehmen und wieder auswürgen, bis sein Zuckeranteil über 80 % liegt und er zu einer dick- und zähflüssigen Substanz wird, die wir als Honig kennen.

Sobald der Honig getrocknet ist, verdeckeln die Bienen die Zelle mit einer dünnen Wachsschicht und dichten sie ab. In diesem letzten Stadium kann Honig ewig halten, ohne zu verderben! Tatsächlich ist Honig, der in alten ägyptischen Gräbern gefunden wurde, genauso haltbar und essbar wie der Honig, den wir letzten Monat aus unseren Bienenstöcken entnommen haben.

F&A

1. Wie viel Honig macht eine Biene in ihrem Leben?

a) 1 EL (20 g)
b) 2 EL (40 g)
c) $^{1}/_{2}$ TL (7 g)

2. 454 g Honig besteht aus Nektar von …

a) 2000 Blüten
b) 2 Millionen Blüten
c) 900 000 Blüten

1. ANTWORT: C / 2. ANTWORT: B

In seinem letzten Stadium kann Honig ewig halten, ohne zu verderben.

Bienen bei der süßesten aller Kommunikationsformen: Übergabe von Honig von einem Rüssel zum anderen.

Honig aus der Manuka-Blüte wird wegen seiner antibakteriellen Eigenschaften hoch geschätzt.

Was ist Honig?

So wie Lavendelblüten anders duften als die Blüten von Rosen, Geranien oder Hyazinthen, so schmeckt auch Honig aus Nektar von verschiedenen Blüten anders und hat andere Eigenschaften. Honig aus dem Nektar von Buchweizenblüten ist von sehr dunkler Farbe, hat ein intensives rübensirupartiges Aroma und wirkt stark antioxidativ. Honig von Orangenblüten dagegen ist leicht süßlich mit einer Zitrusnote. Manuka-Honig von dem Manukastrauch (oder Teebaum) Neuseelands wird wegen seiner antibakteriellen Eigenschaften hoch geschätzt. Der Nektar aus der Manuka-Blüte enthält Methylglyoxal, einen antibakteriellen organischen Stoff, der durch Umwandlung von Nektar durch die Bienen in Honig entsteht. Wenn Sie Manuka-Honig kaufen, wird Ihnen das Wort „UMF“ (Unique Manuka Factor, einzigartiger Manuka-Faktor) auf dem Glas auffallen, und Gläser mit einem höheren UMF-Wert sind teurer. Die Werte geben den Gehalt an Methylglyoxal im Honig an. Honig mit einem UMF-Wert von über 10 gilt als äußerst heilsam und wird weltweit zur Behandlung von Wunden und Verbrennungen verwendet.

Wenn ein Imker einen echten sortenreinen Honig ernten möchte, wartet er bis zum Beginn der Blüte der gewünschten Nektarquelle und transportiert die Bienenstöcke zu diesem Standort. Wir bei „The Benevolent Bee“ stellen unsere Bienenstöcke nicht um, und unser Honig ist echter Philadelphia-Honig – gesammelt aus Blüten im Umkreis von 1,6–9,7 km Entfernung vom Standort unserer Bienenstöcke. Dazu gehören Vorgärten und Gärten, Bäume an den Straßen der Stadt, kommunale Gärten, Arboreta u. a. Das Aroma unseres Honigs ändert sich je nach Saison und Jahr, da die Witterungsbedingungen jedes Jahr anders sind und die Zusammensetzung der Blüten zu einem bestimmten Zeitpunkt immer einzigartig ist.

Honig des Lehrbienenstands „The Benevolent Bee“: derselbe Bienenstand, unterschiedliche Ernten.

Neben Nektar enthält roher Honig Pollen und andere zufällige hineingeratene Wabenteile aus dem Leben des Bienenstocks, kleine Wachsstückchen und Propolis aus dem Schleudern des Honigs sowie Enzyme und Bakterien, die vom Magen der Bienen auf den Honig übertragen wurden. Mit den modernen Verarbeitungsmethoden wird Honig häufig superfein gefiltert, damit er klar wird, und ultrahoch erhitzt, damit er nicht kristallisiert. Diese Verfahren mindern die gesunden Eigenschaften desselben, entfernen die restlichen Pollen und zerstören die Enzyme, Bakterien und Nährstoffe. Suchen Sie Honig aus, der als „roh“ bezeichnet wird – dies ist zwar keine geschützte Bezeichnung, bedeutet aber in der Regel, dass er gesiebt ist (durch ein Gitter läuft, um große Feststoffe wie Bienenwachsstücke zu entfernen) anstatt fein gefilterten Honig, der nicht über die Umgebungstemperatur eines Bienenstocks hinaus erhitzt wurde (im Allgemeinen nicht über 38 °C).

Wie ernten Imker Honig?

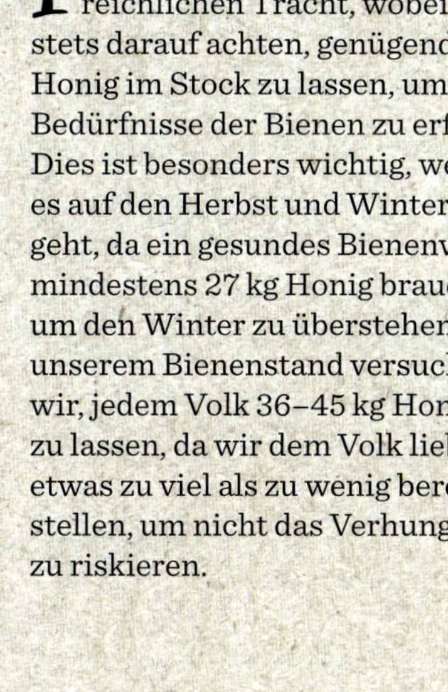

Imker ernten Honig aus ihren Bienenstöcken am Ende einer reichlichen Tracht, wobei sie stets darauf achten, genügend Honig im Stock zu lassen, um die Bedürfnisse der Bienen zu erfüllen. Dies ist besonders wichtig, wenn es auf den Herbst und Winter zugeht, da ein gesundes Bienenvolk mindestens 27 kg Honig braucht, um den Winter zu überstehen. In unserem Bienenstand versuchen wir, jedem Volk 36–45 kg Honig zu lassen, da wir dem Volk lieber etwas zu viel als zu wenig bereitstellen, um nicht das Verhungern zu riskieren.

Wenn ein Imker Honig ernten möchte, nimmt er einen Rahmen mit verdeckelten Honigwaben aus dem Stock, schneidet die Wachsdeckel mit einem heißen Messer ab und legt so den in den Zellen der Honigwabe eingelagerten Honig frei. Entdeckelte Rahmen werden in eine Honigschleuder gestellt – eine Edelstahltrommel, die die Rahmen hält –, die sich dreht und so den Honig durch Zentrifugalkraft aus den Zellen schleudert. Die Wachswabe bleibt intakt und kann von den Bienen wieder verwendet werden. Gelegentlich entscheiden wir uns, die Wabe zu zerbrechen und den Honig aus dem zerbrochenen Wachs zu sieben. Dieser Vorgang kostet die Bienen mehr Energie, da sie das Wachs wieder neu aufbauen müssen, aber dadurch fällt die Wachsernte für den Imker größer aus, und die Wabe im Stock bleibt frisch, sodass eventuelle Pestizidablagerungen vermieden werden.

Stephanie und Emile halten zwei entdeckelte Honigwaben, die zum Schleudern vorbereitet sind.

Wir verwenden ein heißes elektrisches Messer, um die Wachsdeckel abzuschneiden.

Der entdeckelte Rahmen ist jetzt zum Schleudern vorbereitet.

Clara dreht die Rahmen in der Schleuder.

Der Honig in der Wabe wird durch Zentrifugalkraft ausgeschleudert.

Ein Spund unten an der Schleuder lässt den Honig durch ein einfaches Filtersieb laufen, bevor er in Gläser abgefüllt wird.

Honig und seine Verwendung im Laufe der Geschichte

Den Genuss von Honig kennt die Menschheit seit der Steinzeit; die älteste bekannte Darstellung von Menschen beim Honigsammeln ist eine prähistorische Höhlenmalerei in Valencia (Spanien), deren Alter auf mindestens 8000 Jahre geschätzt wird, älter als die moderne Zivilisation. Die Nutzung von Honig ist in nahezu allen Kulturen und vielen historischen Texten seit den Anfängen der menschlichen Gesellschaft dokumentiert.

Der früheste Nachweis einer organisierten Honigproduktion stammt aus dem alten Ägypten, wo Steinreliefs von 2400 v. Chr. Bienen, Bienenstöcke und Menschen, die Honig ernten und Gefäße befüllen und versiegeln, darstellen. Der Gebrauch von Honig im alten Ägypten ist bekannt: Die Ägypter benutzten Honig als Währung, Nahrungsmittel und Arznei sowie zur Einbalsamierung und Ehrung der Toten. Der ägyptische Papyrus Ebers, die älteste bekannte Aufzeichnung über Medizin (15. Jahrhundert v. Chr.), enthält über 800 heilkundliche Anleitungen, darunter viele, die Honig zur Vorbeugung und Heilung von Infektionen verwenden.

Detail einer Bienenhieroglyphe aus der Grabanlage von Senusret I, einem ägyptischen Pharaoh, der 1926 v. Chr. starb (Foto von Keith Schengili-Roberts; lizensiert gemäß der Creative Commons-Lizenz mit Namensnennung).

Ein Honigjäger bei der Arbeit, wie auf einem 8000 Jahre alten Höhlengemälde in der Nähe von Valencia (Spanien) dargestellt.

Die erste Aufzeichnung des Gebrauchs von Honig als Arznei reicht zurück bis 2100 bis 2000 v. Chr. in Sumer (imm heutigen Irak). Eine ausgegrabene sumerische Tontafel enthält eine Anleitung zur Zubereitung einer Art Salbe zur äußerlichen Anwendung: „Man mahle Flussschlamm zu einem Pulver … und … knete es dann in Wasser und Honig und … lasse Öl und heißes Zedernöl darüber sprenkeln."

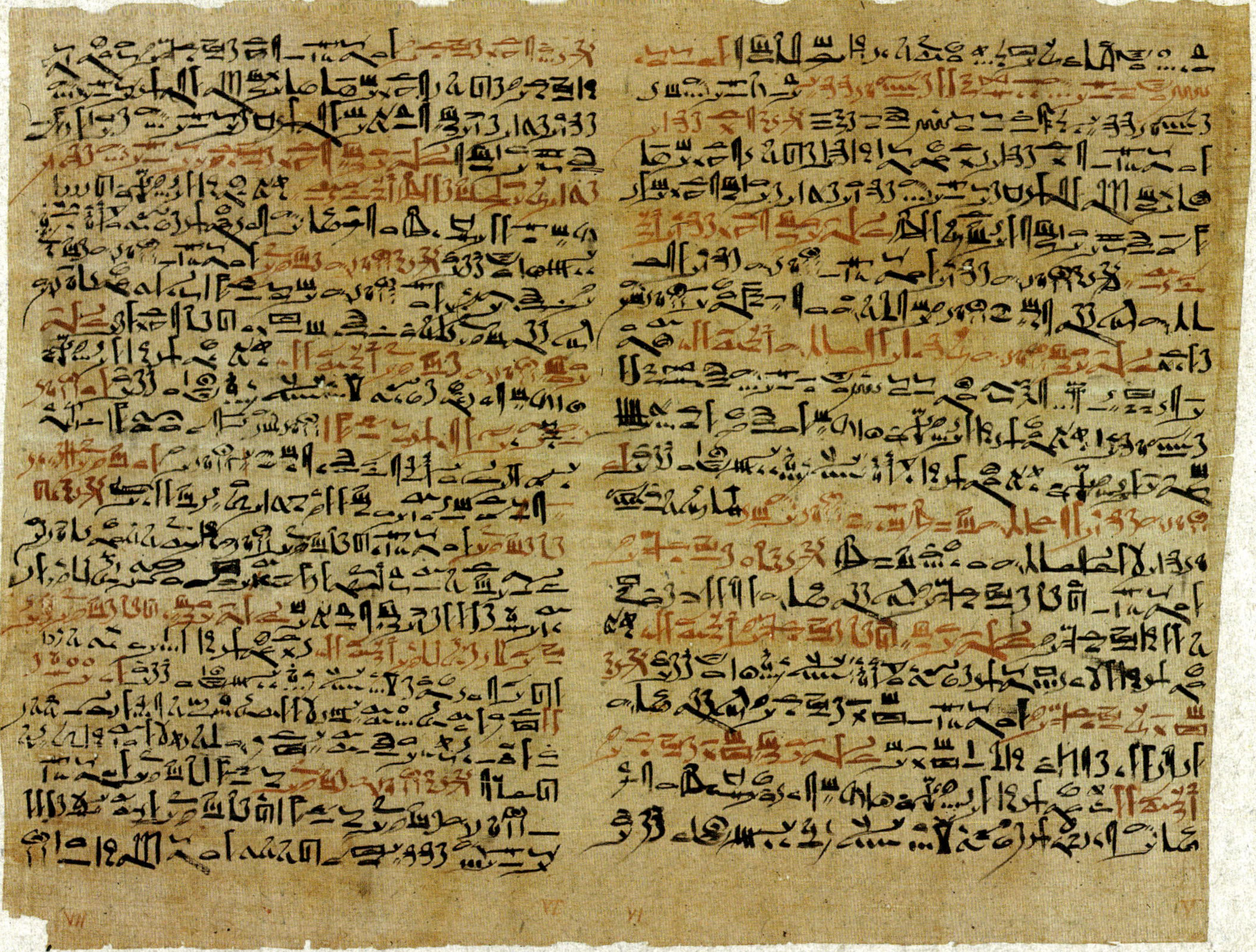

Nach der ayurvedischen Tradition des alten Indien wurde Honig zur Behandlung infizierter Wunden verwendet und mit Ghee (geklärter Butter) zu einer Paste zum Auftragen nach einer Operation vermischt (ca. 1400 v. Chr.). Kleopatra (69–30 v. Chr., Ägypten) soll in Milch und Honig gebadet haben. In jüngerer Zeit verwendeten Russen und Deutsche im Ersten Weltkrieg Honig als Antiseptikum, um Wundbrand zu verhindern, und kombinierten Lebertran mit Honig zur Behandlung von Verbrennungen und anderen Wunden.

Der Gebrauch von Honig durch die Menschen erstreckt sich über Kontinente und Jahrhunderte und reicht von Hippokrates (469–399 v. Chr.) in der Antike bis zu Jennifer Lopez (geboren 1969), die ihren makellosen und goldfarbenen Teint einer Honig-Zitronen-Gesichtsmaske zuschreibt.

Eine Seite aus dem Papyrus Ebers, einem der ältesten medizinischen Texte der Welt; viele der heilkundlichen Anleitungen kommen nicht ohne Honig aus.

„[Honig] verursacht Hitze, reinigt Wunden und Geschwüre, macht harte Lippengeschwüre weich, heilt den Karbunkel und nässende Wunden."

Hippokrates (469–399 v. Chr., Griechenland der Antike)

„[Honig] die Flecken vertreibt des Gesichts, drei Unzen davon sind das gehörige Maß."

Ovid (43 v. Chr.–18 n. Chr., römischer Dichter)

„[Wenn] der Tau von den Strahlen der Sonne erwärmt wird, wird nicht Honig, sondern Arzneien erzeugt, himmlische Geschenke für die Augen, für Geschwüre und die inneren Organe."

Plinius der Ältere, in Schriften zur Naturgeschichte (23–79 n. Chr., Rom der Antike)

„Honig ist ein Heilmittel für jede Krankheit ..."

Der Prophet Mohammed (570–632 n. Chr.)

„Aus ihren Leibern kommt ein Trank, mannigfach an Farbe. Darin liegt ein Heilmittel für die Menschen."

Koran 16:69 (609–632 n. Chr.)

„Iß, mein Sohn, Honig, denn er ist gut, und Honigseim ist süß in deinem Halse."

Sprüche 24:13

„[Honig] hilft Schmerzen zu stillen und senkt die innere Hitze und das Fieber und ist nützlich für viele Krankheiten. Er kann mit vielen Kräuterarzneien vermischt werden. Wird er regelmäßig genommen, kann sich das Gedächtnis verbessern, gute Gesundheit stellt sich ein und man fühlt sich weder zu hungrig noch zu schwächlich."

Klassiker der Heilkräuter nach Shennong (2. Jahrhundert v. Chr., China)

Honig für Ernährung, Gesundheit und Wellness

Mit einem Mindesthaltbarkeitsdatum von „ewig" und heilsamen Eigenschaften, die schon übernatürlich erscheinen, wurde Honig seit jeher für Ernährung, Gesundheit und Heilung verwendet. Ist da Zauberei im Spiel? Vielleicht! Aber es steckt auch Wissenschaft dahinter. In jüngerer Zeit haben wissenschaftliche Studien zu unserem Verständnis so manche Gründe beigetragen, wie gesund und hilfreich dieses goldfarbene Heilmittel ist.

Es wurde festgestellt, dass roher Honig antimykotisch, antiviral und stark antibakteriell wirkt – und zwar so stark, dass er das Wachstum antibiotikaresistenter Supererreger wie MRSA (Methicillin-resistenter *Staphylococcus aureus*) hemmen kann. „Die einzigartige Eigenschaft von Honig besteht in seiner Fähigkeit, Infektionen auf mehreren Ebenen zu bekämpfen, was es den Bakterien erschwert, eine Resistenz zu entwickeln", sagt Forscherin Susan M. Meschwitz, wenn sie über ihre Erkenntnisse aus ihrer Studie über die antibiotischen Eigenschaften von Honig in einem Vortrag auf dem nationalen Treffen der American Chemical Society (Amerikanischen Chemischen Gesellschaft) spricht.

Die Wissenschaft hinter dem Geheimnis des heilenden Honigs

Wie also funktioniert der Zauber des Honigs? Zunächst einmal ist Honig hygroskopisch, das bedeutet, er zieht von allem, womit er in Kontakt kommt, einschließlich Bakterien und Mikroben, Feuchtigkeit an und speichert sie. Nach Aussagen von Forschern kann man diesen Vorgang unter dem Mikroskop beobachten, und sie bejubeln den mikroskopischen Sieg, wie Honig Wasser aus den Bakterien saugt und sie unbeweglich macht. Zweitens ist Honig mit einem pH-Wert von 3,2–4,5 leicht sauer, eine Eigenschaft, die das Wachstum von Erregern hemmt. Honig enthält auch Glucoseoxidase, ein Enzym, das vom Magen der Bienen auf den Honig übertragen wird. Glucoseoxidase setzt Wasserstoffperoxid frei, das stark antibakteriell ist.

Honig und Darmgesundheit

Honig kann bei der Darmregulierung hilfreich sein. Es wurde festgestellt, dass Manuka-Honig vorbeugend gegen das Wachstum von *H. pylori* wirkt, dem Bakterium, das für die meisten Magengeschwüre und vielerlei Bauchbeschwerden verantwortlich ist. Neben der Fähigkeit, schlechte Bakterien zu entmutigen, hat sich auch gezeigt, dass Honig das Wachstum nützlicher Bakterien wie beispielsweise *Bifidobacteria* und Lactobacillus fördert, die sich wiederum von Honig als einem „Präbiotikum" ernähren; mit Honig als Nahrungsquelle nehmen sie an Zahl und Stärke zu. Das macht Honig für Menschen mit einem bakteriellen Ungleichgewicht wie beispielsweise Soor oder dem Reizdarmsyndrom (RDS) nützlich. Es wurde auch nachgewiesen, dass die Enzyme im Honig bei der Verdauung helfen und die Nährstoffaufnahme aus den Nahrungsmitteln, die wir essen, fördern.

Honig und Verbrennungen

Eine Studie in der Fachzeitschrift *Journal of Cutaneous and Aesthetic Surgery* (2011) stellte fest, dass eine Behandlung von Verbrennungen mit Honig anstatt der Standardbehandlung mit Silbersulfadiazin die Heilungszeit nahezu halbieren konnte (von ca. 32 Tage auf ca. 18 Tage). Derma Sciences, ein Hersteller von Medizinprodukten, vermarktet und verkauft ein Produkt namens MEDIHONEY – mit Honig versetzte Verbandmittel –, die inzwischen in Krankenhäusern auf der ganzen Welt verwendet werden.

Bei Anwendung von Honig die Verbrennung zunächst sofort unter kühles (aber nicht kaltes) Wasser halten, um die Temperatur zu reduzieren. Sodann tragen Sie den Honig direkt auf die Verletzung oder tauchen Sie Gaze in den Honig ein und legen diese darauf. Legen Sie dann einen zweiten Verband über der ersten Gazeschicht an, damit der Honig nicht heraussickert. Den Verband 1- oder 2-mal täglich wechseln.

Anmerkung: Schwere Verbrennungen erfordern sofortige ärztliche Hilfe. Bei einer Verbrennung größer als 2,5 cm oder dritten Grades nehmen Sie ärztliche Hilfe in Anspruch und versuchen Sie nicht, sie auf eigene Faust zu behandeln.

Wenn Sie sich eine Gesichtsmaske mit Honig gönnen möchten, binden Sie als Erstes Ihre Haare zurück, wenn sie lang sind! Tragen Sie dann mit der Rückseite eines Löffels rohen Honig auf Ihr Gesicht auf, indem Sie einfach eine dünne Schicht auf Ihre Haut streichen, und sparen Sie dabei den Bereich um die Augen aus. Lassen Sie den Honig etwa 10 Minuten einwirken und spülen Sie ihn dann mit warmem Wasser ab. Sie werden sofort merken, um wie viel weicher und feuchtigkeitshaltiger Ihre Haut geworden ist!

Honig
und Hautpflege

Eine weitere äußerliche Anwendung von Honig, die sehr beliebt ist, sorgt für gesunde und strahlende Haut. Honig ist ein Befeuchtungsmittel, das heißt, es fördert die Speicherung von Wasser und hält so die Feuchtigkeit in der Haut. Diese Eigenschaft in Verbindung mit seinen antibakteriellen Eigenschaften macht ihn zu einem fantastischen Mittel für Hautmasken und zur Hautreinigung. Die Schauspielerin Scarlett Johansson wendet Honig auf ihrer Haut an: „Man erwärmt das Gesicht, sodass sich die Poren öffnen … und dann nimmt man einfach einen Löffel und trägt den Honig direkt auf das Gesicht auf und lässt ihn 10–15 Minuten einwirken“, berichtete sie Style.com 2011. „Das ergibt eine erstaunlich strahlende Haut, und sie ist hinterher so weich.“ Mit den Berühmtheiten vom 21. Jahrhundert bis hin zu Kleopatra (mit ihren Milch-und-Honig-Bädern) weiß ich mich in guter und historischer Gesellschaft, wenn ich abends Honig auf mein Gesicht streiche!

Rezepte

Ähnlich wie Mary Poppins, die einen Löffel voll Zucker benutzt, um Medizin schmackhafter zu machen, benutzen wir zu Hause einen Löffel Honig. Honigsirup und -mischungen eignen sich hervorragend für eine gesunde Ernährung und allgemeines Wohlbefinden. Dem Honigsirup kommt die feuchtigkeitsbindende Eigenschaft des Honigs zugute, also die Fähigkeit, Flüssigkeit aus allen Zutaten zu ziehen, mit denen er in Berührung kommt. Mischt man ihn mit frischen Kräutern oder Früchten, dann erhält man einen süßen Sirup mit dem Geschmack und den gesunden Eigenschaften der von Ihnen gewählten Zutaten. Honigmischungen stellt man mit getrockneten Kräutern und Gewürzen her. Das dauert zwar länger, verstärkt jedoch die Heilwirkung Ihres Honigs (und schmeckt außerdem ausgezeichnet).

Hinweis: Kleinkindern unter einem Jahr dürfen Sie keinen Honig zu essen geben, er kann Botulismus-Sporen enthalten. Für Erwachsene und Kinder mit voll entwickeltem Magen-Darm-Trakt stellt dieses Toxin keine Gefahr dar, bei Kleinkindern hingegen können die Sporen, wenn sie aufgenommen werden, auskeimen und großen Schaden anrichten.

Kurkuma-Honig

Die Kurkuma-Wurzel ist von einer sehr schönen hellorangenen Farbe. Ihr bitterer Geschmack regt den Stoffwechsel an und unterstützt die Entgiftung. Sie ist außerdem sehr gut für die Leber, stimuliert den Gallenfluss, hilft bei der Verdauung und wirkt bei vielen wichtigen Stoffwechselprozessen. Durch ihre unterstützende Wirkung der Leberfunktion und bei einer schonenden und nachhaltigen Entgiftung hilft Kurkuma, Entzündungen und Überhitzung im Körper zu reduzieren. Kurkuma ist ein außerordentlich gutes ganzheitliches Tonikum für Menschen mit chronischen exzessiven Entzündungen, wie sie bei Arthritis, Rheuma und saisonal bzw. umweltbedingten Allergien auftreten. Regelmäßig angewandt kann sie sogar bei Menstruationsschmerzen helfen. Um derartige Leiden zu lindern, nehmen Sie am besten die Kurkuma-Wurzel in Ihren Speiseplan auf und/oder verwenden Sie sie als Nahrungsergänzung.

Ergibt: ½ Tasse (160 g)

Zutaten:

¼ Tasse (26 g) getrocknete, zermahlene Kurkuma-Wurzel

½ Tasse (160 g) unbehandelten, unraffinierten Honig

Zubereitung:

- Die gemahlene Kurkuma mit dem Honig zusammen in ein luftdicht verschließbares Einmachglas geben und mit einem Löffel gut vermischen. Die Mischung ist sofort verzehrfertig. Bei Raumtemperatur lagern.
- Verwenden Sie den Kurkuma-Honig zum Kochen oder löffelweise als Nahrungsergänzung (½–1 TL 1- bis 2-mal täglich).

Hinweis: Das Kurkuma-Honig-Rezept wurde uns von unseren Freunden von Thyme Herbal in Conway, Massachusetts (thymeherbal.com), zur Verfügung gestellt. Die Gründerin und Hauptdozentin von Thyme Herbal, Brittany Woods, ist eine herausragende Kräuterexpertin, Ernährungsberaterin und Köchin und bietet dort eine dreijährige Ausbildung in Kräuterkunde sowie Kurse wie Selbstversorgung und Kochen mit Kräutern an. Wir konnten so viel von ihr lernen!

Zimthonig

Zimt ist wärmend, lecker und gesund. Mit Zimt gewürzter Honig schmeckt lecker im Tee, auf gebuttertem Toastbrot oder über die morgendlichen Frühstücksflocken oder Pfannkuchen geträufelt als eine Alternative zu Sirup. Zimthonig kann man auch sehr gut verschenken, am besten mit einer Zimtstange im Glas,. Das sieht nicht nur gut aus, sondern gibt dem Ganzen noch extra Würze.

Ergibt: 454 g

Zutaten:

454 g unbehandelter Honig aus der Region

5 Zimtstangen; ein paar mehr, wenn Sie den Honig verschenken wollen

Zubereitung:

- Geben Sie den Honig und die Zimtstangen in einen mittelgroßen Topf (wenn Sie das Honigglas vorher unter warmes Wasser halten, dann fließt der Honig leichter aus dem Glas). Bei geringer Hitze ohne Deckel köcheln lassen.
- Den Honig auf keinen Fall zum Kochen bringen, da er sonst seine gesunde Wirkung einbüßt und außerdem beim Überkochen eine große „Schweinerei“ hinterlässt!
- Unter gelegentlichem Umrühren 10 Minuten köcheln lassen.
- Abkühlen (er muss aber noch so warm sein, dass er flüssig bleibt).
- Den Honig in ein Einmachglas fließen lassen, noch ein paar Zimtstangen hinzugeben und verschließen.
- Je länger der Honig ruht, desto intensiver nimmt er den Zimtgeschmack an.
- Probieren Sie von Zeit zu Zeit einen Löffel davon, und entfernen Sie die Zimtstangen, sobald der Honig den gewünschten Geschmack angenommen hat.
- Wenn Ihnen der Zimtgeschmack noch nicht ausreicht, dann geben Sie noch zusätzlich 1 TL Zimtpulver hinzu.

Holunderhonig-Sirup

Wir machen diesen Sirup jedes Jahr im September, wenn die Schule wieder anfängt und wenn Sonnencreme und Insektenschutzmittel aus dem Regal verschwinden und durch Taschentücher und Vitamintabletten ersetzt werden. Holunderbeeren enthalten viel Vitamin A, B und C und stärken das Immunsystem. In Verbindung mit den gesunden Eigenschaften und der Heilwirkung des Honigs erhält man einen leckeren Sirup, der gut gegen Erkältungen und Grippe ist.

Ergibt: 2¾–3 Tassen (650–710 ml)

Zutaten:

1 Tasse (100 g) getrocknete schwarze Holunderbeeren

3½ Tassen (830 ml) Wasser

1 TL frisch geriebenen Ingwer

1 Zimtstange

2–3 ganze Gewürznelken

1 Tasse (340 g) unbehandelter Honig

60 ml Brandy (optional, nur für Erwachsene)

Zubereitung:

- Geben Sie Holunderbeeren, Wasser, Ingwer, Zimtstange und Gewürznelken in einen kleinen Kochtopf. Bei starker Hitze zum Kochen bringen, dann Hitze reduzieren und köcheln lassen.
- Ohne Deckel 45 Minuten köcheln lassen, bis sich die Flüssigkeit auf die Hälfte reduziert hat. Achten Sie darauf, dass die Flüssigkeit nicht gänzlich verdampft oder überkocht.
- Vom Herd nehmen und so lange abkühlen, bis man den Topf anfassen kann.
- Zerdrücken Sie die Beeren mit einem Löffel, und sieben Sie alles in ein Einmachglas.
- Entsorgen Sie die Beeren und Gewürze, und lassen Sie die Flüssigkeit abkühlen, bis sie lauwarm ist.
- Den Honig hinzugeben und gut vermischen. Im Kühlschrank aufbewahren, wo sich die Mischung ein paar Monate hält. Wenn der Honig nur für Erwachsene (d. h. nicht auch für Kinder) bestimmt ist, können Sie noch den Brandy hinzugeben, um die Haltbarkeit zu verlängern.
- Täglich einen Löffel zur Immunstärkung einnehmen (die übliche Dosis beträgt täglich ½–1 TL für Kinder, und ½–1 EL für Erwachsene, bei Krankheit erhöht sich die Dosis auf 3-mal täglich). Man kann die Honigmischung auch in Sprudel mit einer Zitronenscheibe als erfrischendes Getränk genießen.

Erkältungssirup aus Zitrone, Ingwer und Salbei

Durch Honig in Verbindung mit den gesunden Eigenschaften von Zitrone, Ingwer und Salbei erhalten Sie eine natürliche und wohlschmeckende Alternative zur Bekämpfung von Erkältungs- und Grippesymptomen. Salbei wird schon jahrhundertelang von Kulturen auf der ganzen Welt für medizinische Zwecke verwendet. Die antibakterielle und krampflösende Wirkung des Salbeis macht diesen Sirup zu einer Wohltat gegen Hustenreiz, wenn man ihn vor dem Einschlafen einnimmt. Sie können den Sirup direkt mit einem Löffel oder in heißem Wasser bzw. Tee einnehmen.

Dieses Rezept kann beliebig abgeändert werden. Für größere Mengen oder einen stärkeren Sirup fügen Sie einfach mehr Zutaten hinzu. Ersetzen Sie beispielsweise die Zitronenscheiben durch Orangen oder den Salbei durch Gewürznelken (Gewürznelken eignen sich hervorragend, da sie eine schleimlösende und antivirale Wirkung haben!).

Ergibt: 1 Tasse (ca. 200 g)

Zutaten:

1 Zitrone

1 TL gemahlenen Ingwer oder
2 TL frisch geriebenen Ingwer

6–8 frische Salbeiblätter

½ Tasse (170 g) Honig (bzw. so viel wie in das Einmachglas passt)

Zubereitung:

› Zitrone in dünne Halbmondscheiben schneiden. Geben Sie die Hälfte der Zitronenscheiben in ein 250 ml-Einmachglas, dann jeweils die Hälfte des Ingwers und Salbeis und zum Schluss die Hälfte des Honigs.

› Mit einem Essstäbchen oder einem vergleichbaren Gegenstand umrühren. Bewegen Sie die Zitronenscheiben hin und her, damit der Honig auch in die Zwischenräume gelangt.

› Wiederholen Sie den Vorgang mit den restlichen Zutaten und füllen Sie gegebenenfalls den Rest des Glases mit Honig auf.

› Nach 3–4 Stunden hat der Honig den anderen Zutaten die Flüssigkeit entzogen.

› Gut umrühren, um den Honig mit der Flüssigkeit zu vermischen. Der zähflüssige Honig hat sich in einen wunderbaren Sirup verwandelt, der mit der Zeit noch intensiver wird.

› Der Sirup kann in einem Einmachglas im Kühlschrank bis zu zwei Monate aufbewahrt werden.

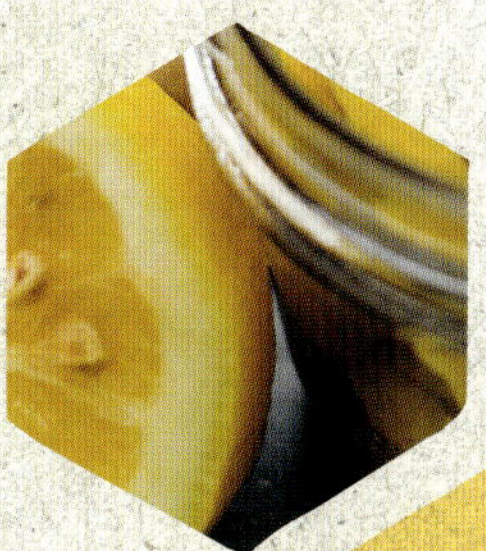

Hinweis: Salbei sollte während der Schwangerschaft und Stillzeit nicht verwendet werden.

Scharfes Honig-Tonikum

Dieses traditionsreiche Volksrezept kombiniert Apfelessig und regional unbehandelten Honig mit würzig-kräftigen, antimikrobiell und abschwellend wirkenden Kräutern, die Ihr Immunsystem stärken, den Kreislauf in Schwung bringen, die Verdauung anregen und Sie aufwärmen. Ich trinke es gerne als Tee mit 30 ml des Tonikums auf eine Tasse heißes Wasser. Wenn ich merke, dass ich krank werde, dann trinke ich diesen Tee 3–4-mal pro Tag. Man kann das Tonikum auch löffelweise einnehmen, als Dressing über Speisen träufeln – z. B. über gedämpftes Gemüse –, mit Limonade oder verschiedenen Säften oder in einen Cocktail mischen (beispielsweise zu einem Bloody Mary).

Ergibt: 940 ml

Zutaten:

½ Tasse (64 g) frisch geriebenen Ingwer

½ Tasse (64 g) frisch geriebenen Meerrettich

1 Zwiebel, gehackt

8–10 Knoblauchzehen, gehackt oder zerdrückt

1 scharfe Bio-Pepperoni, wie z. B. Jalapenos oder Habaneros, zerkleinert

Saft und Zeste von 1 Zitrone

Einige frische Rosmarinzweige oder 2 EL (6 g) getrocknete Rosmarinblätter

Einige frische Thymianzweige oder 2 EL (6 g) getrocknete Thymianblätter

1 EL (9 g) Kurkumapulver

¼ TL Cayennepfeffer

3 Tassen (710 ml) Apfelessig

¼–½ Tasse (85–170 g) unbehandelten Honig aus der Region, nach Belieben

Zubereitung:

- Geben Sie alle Zutaten in ein verschließbares 1-Liter-Einmachglas. Sorgfältig verschließen.
- Durch kräftiges Schütteln gut durchmischen. 3–6 Wochen an einem lichtgeschützten kühlen Platz lagern und täglich durchschütteln.
- Nach einem Monat durch ein Mulltuch oder feinmaschiges Sieb filtern, und das Tonikum in ein sauberes Einmachglas schütten.
- Das fertige Produkt ist, an einem lichtgeschützten kühlen Ort gelagert, bis zu 1 Jahr haltbar.

Vergoldete Milch

Kurkuma und Ingwer besitzen eine die Immunabwehr stärkende, entzündungshemmende Wirkung und unterstützen die Verdauung. Dieser Drink wirkt besonders gut nach dem Abendessen bzw. vor dem Zu-Bett-Gehen anstelle eines gehaltvollen Nachtischs. Der schwarze Pfeffer ist essenziell für dieses Rezept: Er aktiviert das Kurkumin, den Kurkuma-eigenen Wirkstoff und erhöht somit seine biologische Verfügbarkeit.

Ergibt: 3 Tassen (710 ml)

Zutaten:

3 Tassen (710 ml) Milch oder Milchersatz (wir nehmen am liebsten Kokosnussmilch)

1,3 cm frisch gehackten Ingwer

1 Prise gemahlenen Zimt

1 Prise gemahlenen schwarzen Pfeffer

1 TL gemahlenes Kurkuma

1 EL (20 g) Honig

Zubereitung:

› Geben Sie Milch, Ingwer, Zimt und Pfeffer in einen mittelgroßen Topf. Lassen Sie die Mischung zugedeckt bei mittlerer bis niedriger Hitze 15 Minuten köcheln.

› Vom Herd nehmen und den Ingwer heraussieben. Das Kurkuma in einer kleinen Schüssel in den Honig einrühren, dann die Mischung mit der Milch vermischen, bis sie sich aufgelöst hat.

› Auf Ihre Gesundheit! Übrig gebliebene Milch kann im Kühlschrank bis zu 3 Tagen aufbewahrt werden.

Gelée royale

Der Jungbrunnen der Bienenkönigin

Haben Sie schon einmal das Sprichwort „Man ist, was man isst" gehört? Auf kein anderes Lebewesen trifft das besser zu als auf die Honigbiene. Erstaunlicherweise teilen Bienenköniginnen und Arbeiterbienen das gleiche Erbgut. Allerdings werden sie ihr Leben lang mit einer anderen Nahrung gefüttert und zwar ab dem Tag, wenn sie noch winzige Larven sind, bis an ihr seliges Ende. Aufgrund dieses anderen Speiseplans entwickeln sich trotz völlig identischer Gene Physiologie und Verhalten der Königinnen vollkommen anders als bei den Arbeiterinnen. Was genau ist nun diese geheimnisvolle Speise? Jedenfalls nicht Brokkoli! Es ist die Substanz mit der treffenden Bezeichnung „Gelée royale".

Was ist Gelée royale?

Gelée royale oder Bienenköniginnenfuttersaft oder Weiselfuttersaft ist ein eiweißreiches Sekret aus den Drüsen der Arbeiterinnen – ich stelle es mir als die Version von Muttermilch einer Honigbiene vor. Alle Larven werden in den drei ersten Lebenstagen mit Gelée royale gefüttert, die von den Arbeiterinnen vorgesehenen späteren Bienenköniginnen während ihrer gesamten Entwicklung darin in speziellen länglichen „Weiselzellen" gebadet. Schlüpft die Bienenkönigin, wird sie ihr ganzes Leben lang mit Gelée royale gefüttert.

Bienenköniginnen erreichen die anderthalbfache Größe der Arbeiterinnen, ihre Lebensdauer beträgt 3–4 Jahre (anstatt 3–6 Wochen), sie sind geschlechtsreif (Arbeiterinnen dagegen können sich nicht paaren) und unterscheiden sich im Verhalten von anderen Bienen im Bienenstock. Benötigt ein Stock eine neue Königin, wählen die Stockbienen zehn höchstens drei Tage alten Larven aus und füttern sie mit Gelée royale. Die erstgeschlüpfte Königin tötet die anderen Larven in ihren Zellen durch Abstechen. Schlüpfen zwei oder mehr Königinnen gleichzeitig, liefern sie sich einen Kampf auf Leben und Tod!

Etwa 3–5 Tage nach dem Schlüpfen an einem sonnigen Tag bei schwachem Wind unternimmt die neue Königin ihren „Hochzeitsflug". Sie sucht einen Drohnensammelplatz auf – einen Platz, an dem sich männliche Bienen (Drohnen) verschiedener Völker einfinden und auf eine Königin warten. Sie paart sich mit 12–20 Drohnen in der Luft und sammelt so viel genetisches, für den Rest Ihres Lebens benötigtes Material (bis zu 6 Mio. Spermien!).

Bienenköniginnenlarven schwimmen in einem Bad aus Gelée royale (Foto von Waugsberg; lizensiert gemäß der Creative Commons-Lizenz mit Namensnennung).

Nach ihrer Rückkehr in den Bienenstock widmet sich die Königin als einziges fortpflanzungsfähiges Weibchen im Volk ihrer Hauptaufgabe, dem Eierlegen. Sie kontrolliert die Größe des Bienenstocks, legt mehr Eier zur Vorbereitung auf das Frühjahr und den Sommer und weniger auf die kühleren Monate, wenn weniger Arbeit anfällt und weniger Futter vorhanden ist. Im Frühjahr kann die Königin bis zu 1500 Eier am Tag legen. Das ist mehr als ihr eigenes Körpergewicht in Eiern! Die Königin ist stets von einem Hofstaat ihr ergebener Arbeiterinnen umgeben, die sie kontinuierlich füttern und ihre Ausscheidungen entsorgen. Sie nehmen durch Betasten auch ihre königlichen Pheromone auf und verteilen sie im ganzen Stock und lassen so alle Bewohner des Stocks wissen, dass ihre Königin lebt und es ihr gut geht.

Ist es nicht erstaunlich, dass eine so einfache Sache wie Futter so unterschiedliche Fähigkeiten und Verhaltensweisen hervorbringen kann? Da ist man doch versucht, wieder seine Vitamine zu nehmen! Oder vielleicht einfach nur ein schönes gesundes Essen, mit einem guten Löffel unbehandelten Honigs, der mit Gelée royale versetzt ist, als krönenden Abschluss zu genießen.

Wie ernten Imker

Ammenbienen fleißig bei der Arbeit. Sie kümmern sich um Larven in einem Königinnenzuchtsystem.

Kein Wunder, dass Gelée royale ein teures Produkt ist, da seine Gewinnung sehr aufwendig ist und große Sorgfalt und genaues Timing erfordert. Zunächst bildet der Imker ein kleines Bienenvölkchen ohne Königin. Er achtet darauf, dass dieses kleine Volk viele junge Bienen hat, die als Ammenbienen im Stock arbeiten. Als nächstes setzt der Imker sogenannte künstliche Weiselnäpfchen in dieses Volk ein (das sind mehrere Leisten mit Plastik- oder Wachsnäpfchen in der richtigen Größe, damit die Bienen Königinnenzellen darauf bauen können), wobei in jedes Näpfchen eine Larve von Hand hineingelegt wird. Instinktiv beginnen die Arbeiterinnen, Königinnen für ihr Volk aufzuziehen und nutzen dabei die Larven in den vorbereiteten Weiselnäpfchen. Die Ammenbienen füllen die Näpfchen mit Gelée royale. Zum genau richtigen Zeitpunkt (in der Regel zwischen dem zweiten und vierten Tag des Larvenstadiums) entnimmt der Imker den Weiselnäpfchen das Gelée royale mit einer kleinen Pipette. Ist er zu früh oder zu spät dran, gibt es nicht genügend Gelée royale zu ernten. Mit dieser Arbeitsweise kann ein Imker in einer Bienensaison etwa 500 g Gelée royale pro Bienenstock ernten. Dabei opfert der Imker jedoch die junge Larve – für 10 g Gelée royale müssen 40–50 angehende Königinnen sterben!

F&A

1. Arbeiterinnen haben im Sommer eine Lebenszeit von 3–6 Wochen bzw. im Winter von 3–6 Monaten. Bienenköniginnen, die genetisch mit den Arbeiterinnen identisch sind, aber ein anderes Futter erhalten, das Gelée royale enthält, haben eine längere Lebenserwartung von …

a) 10–12 Monaten
b) 1–2 Jahren
c) 3–4 Jahren

2. Arbeiterinnen sind steril. Die aufgrund ihrer Fütterung mit Gelée royale physiologisch unterschiedliche Bienenkönigin ist die einzige Biene im Stock, die in der Lage ist, sich zu paaren und befruchtete Eier zu legen. Wie viele Eier kann die Bienenkönigin pro Tag legen?

a) 500
b) 1500
c) 50

1. ANTWORT: C / 2. ANTWORT: B

Die Geschichte und die Verwendung von

Gelée royale

In Kulturen auf der ganzen Welt wurde Gelée royale dazu verwendet, ein gesundes und langes Leben zu fördern. Da es eine so wertvolle Substanz ist (es wird sehr wenig davon hergestellt und ihre Gewinnung ist nicht leicht), blieb im Laufe der Geschichte ihre Verwendung genau wie im Honigbienenstock zumeist Mitgliedern des Königshauses vorbehalten.
In der traditionellen chinesischen Medizin wird Gelée royale als „Speise der Kaiser" bezeichnet und seit langem für ein langes Leben, mehr Energie und Vitalität und zur Vorbeugung von Krankheiten verschrieben. Auch die Maharadschas in Indien verwendeten Gelée royale, das lange als Elixier für jugendlichen Schwung geschätzt wurde. Im alten Ägypten wurde Gelée royale den Pharaonen zur Förderung ihrer Langlebigkeit gegeben. In jüngerer Zeit wurde Papst Pius XII. (1876–1958) von seinem Arzt Gelée royale verschrieben, damit er sich besser von einer schweren Krankheit erhole. Von Prinzessin Diana (1961–1997) ist bekannt, dass sie während ihrer Schwangerschaft Gelée royale gegen Morgenübelkeit genommen hat, und die derzeit über neunzigjährige Königin Elizabeth II. verwendet regelmäßig Gelée royale, um „Müdigkeit abzuwenden".

Heutzutage ist Gelée royale nicht mehr nur ein Vorrecht von Mitgliedern des Königshauses. China gilt mit einer geschätzten Jahresproduktion von 400–500 Tonnen als weltweit größter Produzent und Exporteur von Gelée royale. Nahezu alle Exporte gehen nach Japan, Europa und in die USA. Korea, Taiwan und Japan sind ebenfalls wichtige Produzenten und Exporteure. Gelée royale wird trotz des stolzen Preises von bis zu 400 € pro kg lebhaft gehandelt. Allerdings ist die Qualität sehr variabel, und nur mit viel Glück findet man lokale Imker, die das Produkt anbieten.

Gelée royale

für Ernährung, Gesundheit und Wellness

Gelée royale ist eine nährstoffreiche Flüssigkeit. Es besteht zu rund 66 % aus Wasser, 13 % aus Eiweiß, 15 % aus Kohlenhydraten, 5 % aus Fettsäuren und 1 % aus Spurenelementen. Wie Bienenpollen enthält es sämtliche essenziellen Aminosäuren sowie den gesamten Vitamin-B-Komplex und Spuren von Vitamin C. Gelée royale enthält ebenfalls Collagen (das Hauptprotein in Haut, Haaren, Nägeln, Knochen und Venen) sowie mehrere antioxidative Enzyme.

Heutzutage wird Gelée royale weitgehend als Nahrungsergänzungsmittel verkauft, obwohl diese Einstufung womöglich unzutreffend ist, da es in so geringen Mengen genommen wird (250–500 mg auf einmal), dass sein Gebrauch als Nährstoffquelle nicht wirklich Sinn macht. Es wird vielmehr häufiger wegen seiner mutmaßlich anregenden und stärkenden Wirkung verwendet.

Eigenschaften von Gelée royale

Zu den Eigenschaften, die der „Speise der Kaiser“ nachgesagt werden, zählen:

- erhöhter Sauerstoffverbrauch
- Energie und Ausdauer steigernd
- appetitanregend
- libido- und fruchtbarkeitssteigernd
- Hilfe während der Menopause und bei Menstruationsbeschwerden
- größere Widerstandsfähigkeit gegenüber Virusinfektionen wie beispielsweise Grippe
- blutdruckstabilisierend
- Heilmittel für Anämie
- ausgleichende Wirkung auf den Cholesterinspiegel
- positive Auswirkungen auf Haut und Haar

Gelée royale und Ausdauer

Viele der heute verkauften Nahrungsergänzungsmittel aus Gelée royale preisen seine Eigenschaft, Ausdauer zu steigern und Müdigkeit und Stress zu bekämpfen. Eine japanische Studie aus dem Jahr 2001 stützte diese Behauptungen und fand heraus, dass die Ausdauer von Mäusen zunahm, wenn sie mit frischem Gelée royale gefüttert wurden.

Gelée royale und Cholesterin

Mehrere Studien belegen, dass Gelée royale nicht nur energiesteigernd wirkt, sondern auch herzschützend, indem es den Blutdruck senkt und LDL bzw. das „schlechte“ Cholesterin reduziert. Eine Studie aus dem Jahr 1995 fand heraus, dass nur 0,1 g Gelée royale (Trockengewicht) Cholesterin um 14 % senkte.

Gelée royale und Immunität

Die Forscherin C. Leigh Broadhurst, tätig am US-amerikanischen Landwirtschaftsministerium, vertritt die These, dass genau wie Muttermilch die Immunität neugeborener Säugetiere stärkt, Gelée royale diesen Dienst dem Immunsystem eines Honigbienenvolkes erweist. Es wurde außerdem festgestellt, dass Gelée royale stark antimikrobiell gegen Hefe und Bakterien wirkt. Eine in Ägypten 1995 durchgeführte Studie wies nach, dass Gelée royale mehrere verschiedene Bakterienarten abzutöten vermochte, darunter *Staphylococcus aureus* und *E. coli*.

Gelée royale und Fruchtbarkeit

Der bekannte Kinderbuchautor Roald Dahl schrieb eine Kurzgeschichte mit dem Titel „Gelée Royale“, wonach ein Imker seine Fruchtbarkeit steigert und die Gesundheit des sehnlichst erwarteten Babys stärkt, indem er heimlich das Essen der Familie mit Gelée royale aus seinen Bienenstöcken versetzt. Tatsächlich ist dies nicht nur Fiktion – die positiven Auswirkungen von Gelée royale auf die Fortpflanzung, vermutlich wegen seiner Eigenschaft, den Hormonhaushalt zu regulieren oder das Wohlbefinden insgesamt zu verbessern und die Ernährung aufzuwerten, wurden in Tierstudien wissenschaftlich belegt. In drei verschiedenen Studien wiesen Kaninchen, die zusätzlich zu ihrem Futter Gelée royale erhielten, eine höhere Fruchtbarkeit auf, Wachteln wurden schneller geschlechtsreif und legten mehr Eier und bei Hühnern wurde eine höhere Legeleistung festgestellt.

Gelée royale und Hautpflege

Gelée royale wird auch in der Kosmetik angewendet. Es fördert die Produktion von Collagen, das nach Ansicht vieler als entscheidender Faktor für jugendlich aussehende Haut gilt. Falten bilden sich, wenn unsere Haut ihr Collagen verliert. In der Kosmetik wird es dazu verwendet, die Elastizität, Regeneration und Verjüngung der Haut zu fördern. Es wird auch zunehmend in Shampoos und Haarspülungen eingesetzt! Das ehemals als Spezialität gehandelte Gelée royale ist inzwischen in Shampoos zu finden, die überall im Handel erhältlich sind.

Es gibt immer noch viel über Gelée royale zu lernen. Obwohl persönlichen Anekdoten zufolge Gelée royale viele Vorteile nachgesagt werden, liegen hierfür nicht so viele wissenschaftliche Belege wie für andere Bienenprodukte vor. Dies mag daran liegen, dass für hochwertige Forschung weniger Mittel zur Verfügung stehen. Der Großteil der existierenden Forschungsarbeiten stammt aus Asien, da das Produkt dort regelmäßiger verwendet wird als in den USA. Zahlreiche persönliche Erfahrungsberichte in vielen Kulturen lassen jedoch auf die positive Wirkung von Gelée royale schließen – sie lassen sich von der heutigen englischen Königsfamilie bis zu den chinesischen Kaisern vergangener Jahrhunderte zurückverfolgen. Allerdings haben diese möglichen positiven Effekte einen hohen Preis, denn viele Bienenlarven mussten dafür sterben – man sollte es daher weder leichtfertig noch aus wenig vertrauenswürdigen Quellen einsetzen, denn der hohe Preis lockt Betrüger und Fälscher.

Züchten Sie gute Bienen?

Im Gegensatz zu den Arbeiterinnen mit ihrer relativ kurzen Lebenserwartung können Bienenköniginnen bis zu vier Jahre leben. Viele Imker kennzeichnen jede Königin mit einem Farbpunkt auf der Brust. Dies hilft dem Imker, das Alter der Königinnen in ihren Bienenstöcken zu bestimmen und sie schneller zu erkennen. Überall auf der Welt halten sich Imker an dieselben Farbmarkierungen:

- In Jahren geborene Königinnen, die auf 1 oder 6 enden, werden mit WEISSER Farbe markiert.
- In Jahren geborene Königinnen, die auf 2 oder 7 enden, werden mit GELBER Farbe markiert.
- In Jahren geborene Königinnen, die auf 3 oder 8 enden, werden mit ROTER Farbe markiert.
- In Jahren geborene Königinnen, die auf 4 oder 9 enden, werden mit GRÜNER Farbe markiert.
- In Jahren geborene Königinnen, die auf 5 oder 0 enden, werden mit BLAUER Farbe markiert.

Wie können Sie sich diese internationale Farbmarkierung leicht merken? Der einfache Merksatz „Weiß, gelb und rot grünen die Rosen vor blauem Himmel“ macht es leicht.

Rezepte

Gelée royale ist leicht verderblich, daher sollte man nur professionell verarbeitete Ware erwerben. Am besten kauft man es in Form einer gefriergetrockneten Kapsel oder mit unbehandeltem Honig vermischt, da dieser als natürlicher Konservierungsstoff fungiert. Bei unverarbeiteter Ware empfehle ich, sie in gefrorener Form zu kaufen (kaufen Sie kein Gelée royale, das bei Zimmertemperatur gelagert oder transportiert wurde). Das Gelée royale, das wir in diesem Buch für unsere Rezepte verwenden, ist mit Honig vermischt (1 TL dieser Mischung enthält 675 mg Gelée royale).

Wie bei allen Bienenprodukten ist es auch bei Gelée royale empfehlenswert, zunächst eine geringe Menge zu probieren, um sicherzugehen, dass Sie nicht allergisch reagieren.

10-HDA: ein Hinweis zum Kauf von Gelée royale

Die im Gelée royale hauptsächlich vorkommende Fettsäure ist die 10-Hydroxy-2-Decensäure, auch 10-HDA genannt. Sie kommt ausschließlich im Gelée royale vor und kann nicht künstlich hergestellt werden. Frisches und qualitativ gutes Gelée royale sollte zwischen 1,4 und 2,2 % 10-HDA enthalten. Achten Sie daher beim Kauf auf den HDA-Gehalt auf dem Etikett. Wenn der HDA-Gehalt niedrig oder gar nicht angegeben ist, besteht die Gefahr, dass die Ware gepanscht oder verdorben ist und nicht von einem seriösen Hersteller stammt.

Gelée royale-Buttertoffee

Eine leckere und gesunde Süßigkeit, die Sie ohne schlechtes Gewissen essen können.

Ergibt: 12 Toffees

Zutaten:

4 EL (80 g) Gelée royale-/Rohhonig-Mix

4 EL (60 g) unraffiniertes, geschmolzenes Kokosnussöl

3 EL (24 g) rohes Kakaopulver

2–3 EL (30–45 g) Nussbutter

Zubereitung:

› Zutaten in eine mittelgroße Schüssel geben und gut vermischen.

› Geben Sie die Mixtur in eine mit Wachspapier ausgelegte kleine Pfanne oder alternativ in eine Eiswürfelform aus Silikon.

› Einfrieren bis die Mischung fest geworden ist und in 12 gleich große Stücke zerteilen.

› Im Kühlschrank aufbewahren, damit sie ihre Form behalten.

Pfefferminztee mit Honig und Gelée royale

Hierbei handelt es sich um die Variation eines Rezepts, das von einem Apitherapeuten zusammengestellt wurde, um den Blutdruck zu normalisieren. Das Koffein im Grüntee zusammen mit der energiereichen Gelée royale-/Honig-Mixtur verhelfen Ihnen zu einem optimalen Start in den Tag oder sorgen für einen Energieschub am Nachmittag. Ich mag den Drink am liebsten mit Eis.

Ergibt: 4 Tassen (940 ml)

Zutaten:

4 Tassen (940 ml) Wasser

2 Teebeutel Bio-Grüntee

1 Handvoll frischer Minzblätter

1 EL (20 g) Gelée royale-/Rohhonig-Mix

Frisch gepressten Zitronen- oder Limettensaft

Zubereitung:

- Bringen Sie das Wasser mit den Teebeuteln und Minzblättern in einem mittelgroßen Topf zum Kochen.
- 5–10 Minuten köcheln lassen oder so lange, bis der Minzegeschmack intensiv genug ist.
- Vom Herd nehmen und Teebeutel sowie Minzeblätter heraussieben, danach das Gelée royale untermischen.
- Geben Sie Zitronen- oder Limettensaft nach Belieben hinzu. Entweder heiß genießen oder im Kühlschrank kaltstellen und mit Eis servieren (wahlweise mit einer Zitronenscheibe und einem Minzezweig dekorieren!).

Fruchtbarkeits-Smoothie

Gelée royale gleicht den Hormonspiegel aus und wirkt sich positiv auf den Östrogenhaushalt und damit auf die Fruchtbarkeit aus. Ähnlich wie Gelée royale ist auch Maca (die Wurzel einer Pflanze, die auf den Hochebenen der peruanischen Anden wächst) reich an Mineralien und Nährstoffen. Außerdem stärkt sie die Libido, hält den Hormonspiegel im Gleichgewicht und verbessert die Fruchtbarkeit.

Ergibt: 1–2 Portionen

Zutaten:

1 Tasse (255 g) gefrorene Bio-Erdbeeren
1 Tasse (240 ml) Mandelmilch
1 EL (8 g) Macawurzel-Pulver
1 EL (6 g) Goji-Beeren
1–2 TL Gelée royale-/Rohhonig-Mix
1 Banane

Zubereitung:

- Alle Zutaten im Mixer vermischen.
- Je nachdem wie dickflüssig Sie es mögen, geben Sie mehr oder weniger Milch hinzu. Sofort servieren.

Iron Woman-Smoothie

Egal, ob Sie an Eisenmangel leiden oder einen Energiespender für Ihren bevorstehenden Wettkampf brauchen, dieser würzige Smoothie ist dafür hervorragend geeignet. Gelée royale fördert die Sauerstoffaufnahme und steigert Kondition und Ausdauer. Außerdem hilft es bei Anämie, von welcher Frauen doppelt so oft betroffen sind wie Männer.

Ergibt: 1–2 Portionen

Zutaten:

1 Tasse (240 ml) Mandelmilch

1 TL schwarze Melasse (je nach Geschmack etwas mehr oder weniger – sie ist sehr intensiv im Geschmack!)

¼ TL gemahlenen Zimt

¼ TL gemahlenen Ingwer

½ TL reines Vanille-Extrakt

1 gefrorene Banane

1–2 TL Gelée royale-/Rohhonig-Mix

Eiswürfel

Zubereitung:

› Alle Zutaten im Mixer vermischen.

› Je nachdem wie dickflüssig Sie es mögen, geben Sie mehr oder weniger Milch hinzu. Sofort servieren.

Bienengift

Der heilende Stich

Nur etwa zwei von 1000 Menschen reagieren allergisch auf den Stich einer Honigbiene (verglichen mit Erdnussallergie, die 5-mal so häufig auftritt). Daher ist es Pech, dass ich eine dieser wenigen Unglücklichen bin. Die Leute sind immer schockiert, wenn sie hören, dass ich hochgradig allergisch gegen Bienen bin, und das bei meiner Leidenschaft für Bienen und meinem Beruf! Aber meine Allergie bedeutet, dass ich immer besonders ruhig und vorsichtig bin, wenn ich mit meinen vierflügeligen pelzigen Freunden arbeite, und sie hat mir glücklicherweise eine Einführung in die interessante Welt der Bienengifttherapie beschert.

Wussten Sie, dass viele Menschen Bienengift als Heilmittel verwenden, um ihnen bei der Behandlung von Migräne, Arthritis, Akne, Borreliose, Multiple Sklerose (MS) und anderen Erkrankungen zu helfen? Es hat den Anschein, als ob sich von Jahr zu Jahr mehr Forschungsergebnisse herauskristallisieren, die die Eignung von Bienengift für die Gesundheit und die Heilanwendung belegen.

Was ist Bienengift?

Bienen stechen nur zur Selbstverteidigung, wenn sich eine unmittelbare Gefahr für sich oder ihren Stock wahrnehmen. Nur weibliche Honigbienen haben einen Stachel; Wissenschaftler sind der Meinung, dass der Grund hierfür darin liegt, dass sich der Stachel aus dem Ovipositor der Biene entwickelte (dem Organ, mit dem ein weibliches Insekt Eier legt). Der Stachel ist für seine Aufgabe sehr gut gerüstet; die Widerhaken am Stachel verankern den Stachel im Ziel. Die wegfliegende Biene reißt sich den Stachel mit der Giftdrüse aus dem Körper und lässt ihn zurück, wobei die Giftdrüse weiterhin Gift pumpt, auch wenn die Biene schon lange weg ist. (Deshalb ist es wichtig, den Stachel nach einem Stich sofort zu entfernen; Studien haben gezeigt, dass das Verbleiben des Stachels auch nur für acht Sekunden das Ausmaß der lokalen Reaktion um 30 % verstärken kann.) Bei jedem Stich können bis zu 0,1 mg Bienengift, das in der Wissenschaft als Apitoxin bekannt ist, in das Opfer abgegeben werden. (Es wird weniger Gift freigesetzt, wenn der Stachel entfernt wird, bevor die Giftdrüse vollkommen leer ist.)

Bienengift ist farb- und geruchlos, besteht zu 88 % aus Wasser und ist leicht sauer. Es trocknet an der Luft und wird zu weißem Pulver. Der andere Hauptbestandteil des Bienengifts (50 % des Trockengewichts des Gifts) ist das Eiweiß Melittin – die Ursache für die meisten Schmerzen des Bienenstichs. Melittin zerstört Blutzellen und bewirkt, dass sich die Blutgefäße erweitern; deshalb fällt bei manchen Menschen nach einem Bienenstich der Blutdruck ab. Außerdem hat man festgestellt (s. S. 109), dass Melittin stark antimikrobiell wirkt. Weitere Bestandteile des Bienengifts sind Phospholipase A2, ein anderes Eiweiß, das Zellmembranen an der Einstichstelle zerstört, Histamin, das eine allergische Reaktion im Körper auslöst, Apamin und Hyaluronidase, das die Kapillaren erweitert und so die Ausbreitung der Entzündung fördert.

Sobald Sie am Körper gestochen werden, beginnt dieser mit der Produktion von Antikörpern, um sich gegen die Proteine im Gift zu wehren. In seltenen Fällen (etwa zwei von 1000 Menschen, einer davon ich) entwickelt der Körper eine schwere Überreaktion auf das Bienengift, und es treten Symptome nicht nur an der Einstichstelle auf, unter anderem Juckreiz, Schwellung, Benommenheit, Blutdruckabfall und Kurzatmigkeit. Diese Form der systemischen Reaktion erfordert unmittelbare ärztliche Hilfe. Der größte Teil der Bienenstiche ist jedoch kein größeres medizinisches Problem. Eine lokale Reaktion an der Stelle des Bienenstichs ist normal und selbst eine größere ist kein Hinweis auf eine Allergie gegen Bienengift. Antihistaminika können gegen den Juckreiz und die Schmerzen eines Stichs helfen, und Eis ist eine große Hilfe bei einer Schwellung.

Seit der Antike wurde Rauch dazu verwendet, die Bienen zu beruhigen, wenn ein Imker an seinen Bienenstöcken arbeitet. Rauch überlagert die Alarmpheromone der Bienen und schwächt aggressives und defensives Verhalten stark ab. Dadurch verringert sich das Risiko des Imkers, gestochen zu werden und in Kontakt mit dem Bienengift zu kommen, beträchtlich. Man nimmt an, dass die Bienen den Rauch als Feuer in ihrer Nähe wahrnehmen, was sie dazu bringt, sich den Bauch mit Honig vollzustopfen, für den Fall, dass der Stock umziehen muss. Das lenkt sie vom Imker ab und gibt diesem die Möglichkeit, seine Arbeit zu tun.

Wie ernten Imker Bienengift?

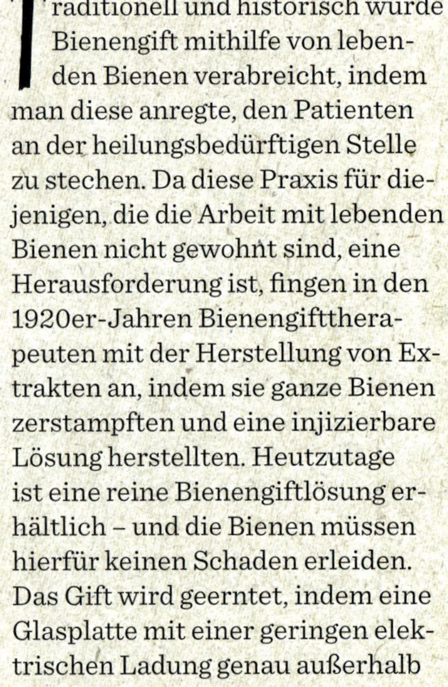

Traditionell und historisch wurde Bienengift mithilfe von lebenden Bienen verabreicht, indem man diese anregte, den Patienten an der heilungsbedürftigen Stelle zu stechen. Da diese Praxis für diejenigen, die die Arbeit mit lebenden Bienen nicht gewohnt sind, eine Herausforderung ist, fingen in den 1920er-Jahren Bienengifttherapeuten mit der Herstellung von Extrakten an, indem sie ganze Bienen zerstampften und eine injizierbare Lösung herstellten. Heutzutage ist eine reine Bienengiftlösung erhältlich – und die Bienen müssen hierfür keinen Schaden erleiden. Das Gift wird geerntet, indem eine Glasplatte mit einer geringen elektrischen Ladung genau außerhalb eines Bienenstocks platziert wird. Die Ladung alarmiert die Bienen, und die Wächterbienen des Stocks stechen die Platte. Da der Stachel sich nicht in das Glas hineinbohren kann, bleibt er intakt und die Biene überlebt. Nach 30 Minuten wird die Platte vom Stock weggenommen. Wenn es trocken ist, kratzt man das Gift von der Platte ab und lagert es in einem sauberen Glas. Es braucht 1 Million Stiche, um nur 1 g getrocknetes Gift zu sammeln!

Ein Apitherapeut „verabreicht" einem Patienten einen Stich. Einige geschickte Fachleute vermögen dies, ohne der Biene dabei Schaden zuzufügen.

F&A

1. Wie viele Menschen sind allergisch gegen Bienenstiche?

a) 2 von 10 Menschen
b) 2 von 10 000 Menschen
c) 2 von 1000 Menschen

2. Wie viele giftige Tierarten gibt es auf der Erde?

a) 10 000
b) 100 000
c) 1 000 000

1. ANTWORT: C / 2. ANTWORT: B

Die sanfte und missverstandene Honigbiene

Wenn Sie Angst vor Geschöpfen mit Giftzähnen oder Stacheln haben, sind Sie in guter Gesellschaft. Die Evolution hat uns mit einer gesunden Furcht vor giftigen Stichen ausgestattet und das aus gutem Grund! Es gibt rund 100 000 giftige Tierarten und viele davon könnten Ihnen ernsthaften Schaden zufügen. Aber sofern Sie keine Blüte sind, zeigen die meisten Bienen an Ihnen kein Interesse. Eine Honigbiene stirbt, nachdem sie gestochen hat (die Biene kann den Stachel mit den Widerhaken nicht herausziehen, und ihr Körper wird beim Wegfliegen ziemlich grausam auseinandergerissen), daher ist der Gebrauch des Stachels wahrhaftig der letzte Ausweg für eine verängstigte oder bedrohte Biene. Die meisten Stiche geschehen zufällig, wenn sich jemand auf eine Biene setzt, auf sie drauftritt oder sie versehentlich zerdrückt. Nur einer Handvoll Arbeiterinnen (18–21 Tage alt) wird die Funktion als Wächterbiene zugewiesen und selbst diese würden lieber nicht stechen.

Viele Menschen verwechseln die sanfte Honigbiene mit anderen, weniger sanftmütigen Stechinsekten. Ich erhalte häufig Anrufe zwecks „Bienenbeseitigung" und finde bei meiner Ankunft ein Wespen- oder Hornissennest vor, aber keine Bienen weit und breit. Im Gegensatz zu Bienen sind Wespen wie beispielsweise die Gemeinen Wespen, Papierwespen und Hornissen von Natur aus aggressiver, und da sie Stacheln ohne Widerhaken besitzen, können sie mehrmals stechen. Wespennester werden nahezu immer in Löchern auf dem Boden gebaut. Hornissen und Papierwespen bauen luftige Nester aus einer papierartigen Masse, aus mit Speichel vermischter Holzmasse. Das sind an Ästen frei hängende Nester, die häufig fälschlicherweise als „Bienennester" in Kinderbüchern beschrieben werden.

Hummeln können auch mehrmals stechen, sie sind aber von Natur aus nicht aggressiv. Sie sind dick und pelzig (dadurch wie die Honigbienen gute Bestäuber) und leben in kleinen Nestern (40–500 Hummeln) im oder dicht am Boden.

Autsch! Der Bienenstachel steckt immer noch in der Haut des Opfers.
Wenn er schnell entfernt wird, fällt die Reaktion des Körpers weniger stark aus.

Biene oder nicht Biene?
Das ist hier die Frage!

Hummel

Keine Biene! (Papierwespe)

Honigbiene

Keine Biene! (Langkopfwespe)

Keine Biene! (Gemeine Wespe)

Bienengift und seine Verwendung im Laufe der Geschichte

Belege für den Gebrauch von Bienengift als Arznei sind Tausende von Jahre alt. In China wird die Bienengifttherapie seit über 2000 Jahren angewendet, und man nimmt an, dass die Apipunktur (wobei *api* für „Biene" steht) der Vorläufer der Akupunktur ist.

Im antiken Griechenland verwendete Hippokrates, der „Vater der modernen Medizin" (469–399 v. Chr.), Bienengift, das er als ein „sehr geheimnisvolles Heilmittel" bezeichnete und in seinen Büchern über Medizin darauf verwies. Der berühmte Arzt Galen (129–216 n. Chr.) schrieb ebenfalls über die Verwendungen von Bienengift. Im Mittelalter wurde Karl der Große (742–814 n. Chr.) mit Bienenstichen behandelt.

Das erste wissenschaftliche Traktat über die Verwendung von Bienengift bei rheumatischen Erkrankungen wurde 1859 von Dr. Desjardins aus Frankreich im *Medical Bee Journal* veröffentlicht, in dem er seine erfolgreiche Anwendung von Bienengift bei allen Arten von rheumatischen Erkrankungen beschrieb. 1879 interessierte sich Dr. Phillip Terc von Österreich für Bienengift, als er zufällig von Bienen gestochen wurde und dies als ungeheuer hilfreich für seine Arthritis empfand. Er begann, Bienenstiche in seiner Praxis anzuwenden, und während seiner gesamten medizinischen Laufbahn dokumentierte er die Behandlung von über 500 Rheumapatienten mit Apitherapie.

In den USA reicht die Geschichte der Bienengifttherapie ein knappes Jahrhundert zurück. Ein Imker aus Vermont, Charles Mraz (1905–1999), litt im Alter von 28 Jahren an einem schweren rheumatischen Fieber. Die Schmerzen von Mraz waren so stark, sagte er, dass er sich „tatsächlich das Bein abhacken wollte, um wenigstens eine Minute Linderung zu verspüren". Nachdem er sich selbst und später viele andere Menschen mit Bienengifttherapie heilte, wurde er als Pionier der Apitherapie in den Vereinigten Staaten anerkannt und half bei der Gründung der Amerikanischen Gesellschaft für Apitherapie. Während seiner langen Laufbahn dokumentierte Mraz bemerkenswerte Ergebnisse aus der Anwendung von Bienengift zur Behandlung zahlreicher entzündlicher Erkrankungen, darunter rheumatisches Fieber, Arthritis und MS.

Bienengift

für Ernährung, Gesundheit und Wellness

Die Bienengifttherapie ist alles andere als weit verbreitet, vielleicht weil sie mit einem erheblichen Aufwand und Schmerzen verbunden ist, um sich durch wiederholte Stiche selbst zu heilen. In einer Kultur, in der wir stets nach einer „Wunderpille" suchen, die die mit verschiedenen Erkrankungen einhergehenden Beschwerden lindern kann, überrascht es nicht, dass sich die Anwendung von Stechinsekten nicht etabliert hat. Aber die Apitherapie hat auf der ganzen Welt ihre Anhänger, besonders unter denjenigen mit akuten entzündlichen Erkrankungen wie Arthritis, MS und anderen Autoimmunerkrankungen.

Es mag seltsam erscheinen, dass Bienenstiche, die (vorübergehend) Schmerzen und Entzündung verursachen, zur Linderung entzündlicher Erkrankungen verwendet werden, es macht jedoch Sinn, wenn man die Wissenschaft hinter dem Stich betrachtet. Bienengift regt die Produktion von Cortisol an, einem starken entzündungshemmenden Wirkstoff. Bienenstiche regen die Durchblutung an der Einstichstelle an, was zur Freisetzung von Endorphinen führt, die zur Linderung der Beschwerden von Arthritis beitragen.

Bienengift enthält Melittin, dessen erfolgreiche entzündungshemmende Wirkung gut belegt ist. Melittin ist antimikrobiell, und es wurde nachgewiesen, dass es die Bakterien, die Lyme-Borreliose verursachen, hemmt. Tatsächlich wird die Apitherapie von immer mehr Menschen für seine Wirksamkeit bei der Behandlung ihrer Lyme-Symptome gepriesen. Vielleicht ist es die antimikrobielle Eigenschaft von Melittin, warum sich Bienenstiche als wirksam bei Akne herausgestellt haben. Da Akne eine Infektion unter der Haut ist, sind es vielleicht die antibiotischen Eigenschaften des Bienengifts, die bewirken, dass die Akne so abheilt, wie es durch äußerlich anzuwendende Antibiotika nicht zu erreichen wäre.

Da es inzwischen möglich ist, Bienengift auf saubere und standardisierte Weise zu gewinnen, kann es auch äußerlich in Form von Cremes oder Salben verwendet werden. Bienengiftcremes sind in Naturmärkten und online allgemein verfügbar und werden angeblich von Kate Middleton und Gwyneth Paltrow als „natürliches Botox" verwendet. Ich hatte niemals das Verlangen, Bienengift auf mein Gesicht aufzutragen, vielleicht weil ich der Ansicht bin, dass ich mir meine Lachfalten redlich verdient habe oder vielleicht wegen meiner Bienengiftallergie. Aber sollten Sie es jemals ausprobieren, würde ich zu gerne von Ihren Erfahrungen hören!

Insektengift-Immuntherapie

Bienengift kann auch dazu verwendet werden, die Empfindlichkeit gegen Bienenstiche bei Allergikern wie mir zu verringern. Um meinen Körper gegenüber Bienengift zu desensibilisieren, werde ich absichtlich einmal die Woche in einer kontrollierten Umgebung „gestochen". Meine wöchentliche Behandlung begann mit dem winzigsten aller Stiche und wuchs sich allmählich zu einer Giftdosis aus, die zwei vollen Stichen gleichzeitig entspricht. Nach mehreren Monaten des Gestochenwerdens reagierte mein Körper nicht mehr so stark auf das Gift. Eine Immuntherapie ist äußerst wirksam und kann die Reaktionen des Körpers auf Stiche für die Dauer von bis zu zehn Jahren abschwächen, selbst nachdem die Behandlung eingestellt wurde.

Die Geschichte von Robin und Juan

Vor ein paar Jahren besuchten mein Mann und ich die reizende Stadt Puerto Escondido, einen herrlichen Ferienort am südlichsten Zipfel von Mexiko. Wir hatten das große Glück, im wunderschönen Strandhotel Santa Fe zu wohnen und Zeit mit Robin, dem Eigentümer des Hotels, zu verbringen. Robin hatte in jungen Jahren sein rechtes Knie bei einem Skiunfall verletzt, und es heilte nie richtig aus. Viele Jahre später wanderte er oben in den Hügeln auf seiner Kaffeefarm umher, als er sich das Gelenk erneut verletzte. Während die Ärzte eine kostspielige und invasive Operation empfahlen, drängte ihn ein Freund, es mit der Bienengifttherapie zu versuchen, von der er gehört hatte, dass sie bei entzündlichen Erkrankungen sehr wirksam wäre. Bereit, alles zu versuchen, um die Schmerzen zu lindern, rief Robin bei Juan, dem Imker der Farm, an, und bat ihn, zu ihm zu kommen und ein paar Bienen mitzubringen, die in sein Knie stechen sollten. Nachdem Juan praktisch unmittelbare Ergebnisse beobachten konnte, begann er, Robin jede Woche stechen zu lassen, und Robins Knie ist seitdem viel besser!

Photo by Tony Richards, visitapuerto.com

Juan kümmert sich um einen Rahmen m Bienen und beruhigt sie mit Rauch, bevor er eine davon für ein Behandlung auswäh

Ein paar Jahre später wurde Robin erneut durch Bienenstiche gerettet. Er bekam einen Bandscheibenvorfall in seinem unteren Rücken, während er ein Möbelstück zu Hause bewegte. Er suchte einen Chiropraktiker auf, konnte aber keine Linderung finden. Er rief Juan an, der mit einigen Bienen zu Robin kam, die ihn mehrmals stachen. Das Bienengift wirkte entzündungshemmend, sodass die Bandscheibe wieder in ihre ursprüngliche Position zurückkehrte.

Foto von Tony Richards, visitapuerto.com

Robin Cleaver ist bereit für eine Dosis Apitherapie (Foto von Tony Richards, visitapuerto.com).

Das sprach sich herum, und heute dient das Hotel Santa Fe als informelles Apitherapie-Zentrum. Zweimal in der Woche stehen Menschen aller Altersklassen Schlange, um sich mit Stichen von Juans Bienen gegen alle möglichen Beschwerden behandeln zu lassen. Juan bringt einen Rahmen mit Bienen darauf aus einem nahe gelegenen Bienenstock in einen Freiluft-Pavillon mit, wo er jeder Person in der Schlange teilweise über 20 Stiche verabreicht. Patienten mit Migräne werden am Kopf, diejenigen mit Arthritis, Rückenschmerzen oder anderen Verletzungen werden an der Stelle ihrer Schmerzen und Entzündung gestochen. Nachdem er die Biene in seinen Fingern gehalten und den Stich verabreicht hat, hebt Juan mit einer Pinzette die Biene vom Patienten so ab, dass der Stachel der Biene intakt bleibt und sie das Stechen überlebt.

Mit Robins Worten: „Die Bienen haben mein Leben verändert!"

!

Diese Informationen sind nur zu Bildungszwecken bestimmt.

Sie sollen nicht den Rat eines Arztes oder Mediziners ersetzen. Bitte suchen Sie vor Beginn einer neuen Behandlung Ihren Arzt auf. Lassen Sie keine Apitherapie durchführen, wenn Sie allergisch gegen Bienen sind oder sein könnten.

Rezepte

Bienengift unterscheidet sich von den übrigen Erzeugnissen eines Bienenstocks, deswegen ist es nicht sehr weit verbreitet und auch nicht für den alltäglichen Gebrauch geeignet. Ähnlich wie das Bienengift sind auch die folgenden Rezepte etwas anderer Natur. Auch wenn wir natürlich kein Gift verwenden, so hat doch jedes Rezept neben den anderen gesundheitsfördernden Zutaten aus dem Bienenstock eine Art „Stachel".

THE BENEVOLENT BEE

Brennnesseltee mit Honig gegen Frühlingsallergie

Haben Sie schon einmal die Blätter einer Brennnessel gestreift? Sie würden sich bestimmt daran erinnern. Auf den Blättern befinden sich winzige Härchen, welche chemische Stoffe enthalten, die stechenden Juckreiz und Rötungen hervorrufen, die bis zu vier Stunden anhalten können. Aber wussten Sie schon, dass die Brennnessel außerdem natürliche Antihistaminika und entzündungshemmende Wirkstoffe enthält?

Die Brennnessel wurde schon im alten Griechenland zu medizinischen Zwecken verwendet. In Kombination mit regionalem Honig ist Brennnesseltee ein wirkungsvolles Tonikum für jeden Tag: Es lindert die Beschwerden von Menschen, die unter Frühlingsallergien, juckenden bzw. tränenden Augen, Niesanfällen und laufender Nasen leiden.

Der smaragdgüne Tee enthält außerdem viele Nährstoffe wie beispielsweise Eisen, Calcium, Vitamin C und massenhaft andere. Wenn Sie die Blätter selbst pflücken, dann achten Sie darauf, nur die Spitze der Pflanze (die vier obersten Blätter) einzusammeln und das, bevor sich die Blüten gebildet haben. Die weichsten Blätter besitzen Pflanzen, die nicht ganz kniehoch sind. Entsorgen sie die Stängel. Tragen Sie beim Pflücken stets Handschuhe und Schutzkleidung.

Ergibt: 4 Tassen (940 ml)

Zutaten:

1 Tasse (30 g) frische Brennnesselblätter oder ¼ Tasse (7,3 g) getrocknete Brennnesselblätter

4 Tassen (940 ml) Wasser

1 Zitronenscheibe

Rohhonig, je nach Geschmack

Vorbereitung:

› Wenn Sie mit frischen Blättern arbeiten, tragen Sie stets Handschuhe!
› Geben Sie die Blätter zusammen mit Wasser in einen Topf und lassen Sie alles 15 Minuten bei mittlerer bis geringer Hitze köcheln.
› Das Wasser sollte das wunderschöne Grün der Blätter annehmen.
› Vom Herd nehmen und die Zitronenscheibe direkt in die Flüssigkeit auspressen.
› Den Rohhonig hinzufügen und umrühren.
› Der Tee ist sowohl heiß als auch kalt ein Genuss!

„The Benevolent Bee's" Bienenstachel-Cocktail

Dieser süße und würzige, leicht säuerliche Drink ist eine wahre Gaumenfreude und wärmt gleichzeitig von innen. Außerdem wird durch die Kombination aus Ingwer, Honig und Vitamin C aus der Zitrone das Immunsystem stimuliert, und obendrein enthält der Drink noch jede Menge Nährstoffe.

Auf Ihre Gesundheit!

Ergibt: ½ Tasse (120 ml) Sirup und 1 Cocktail

Zutaten:

Ingwer-Honig-Sirup

2 EL (16 g) frisch geriebenen Ingwer

1 TL geriebene Bio-Orangenschale

1 Tasse (240 ml) Wasser

½ Tasse (170 g) Honig

Cocktail

60 ml Bourbon Whiskey

30 ml Ingwer-Honig-Sirup

Saft einer frisch gepressten Zitrone

Eis

1 Zitronen- oder Orangenzeste zur Dekoration

Zubereitung:

- Für die Zubereitung des Sirups einfach Ingwer und Orangenabrieb zusammen mit Wasser in einen kleinen Topf geben und unter gelegentlichem Umrühren bei mittlerer bis schwächerer Hitze 15 Minuten köcheln lassen. Wenn sich das Wasser zur Hälfte reduziert hat, vom Herd nehmen und eine Weile abkühlen lassen. Danach durch einen Kaffeefilter in ein Einmachglas füllen.
- Nach Belieben Honig einrühren (wenn der Honig nach dem Abkühlen der Mischung als Letztes hinzugefügt wird, bleiben die Enzyme und Bakterien im Honig erhalten).
- Danach bis zu zwei Wochen im Kühlschrank lagern.
- Für die Zubereitung des Cocktails 1 Cocktailglas im Kühlschrank kaltstellen. Dann einfach die Cocktailzutaten zusammen mit Eis in einen Shaker geben und gut durchschütteln.
- Inhalt in das Cocktailglas gießen und mit einer Orangenzeste dekorieren.

Ingwer und Honig

Eine kraftvolle Kombination

Ein Beitrag von Kräuterexpertin Brittany Wood Nickerson, Thyme Herbal

Die Ingwerwurzel ist ein schon seit langer Zeit für seine vielfältigen medizinischen Anwendungsmöglichkeiten geschätztes wirksames Heilkraut – sowohl in der Hausapotheke als auch darüber hinaus. Ihre leichte Schärfe hat einen wärmenden Effekt und regt die Blutzirkulation bis in den Verdauungstrakt und die äußeren Extremitäten an. Sie hilft bei einem schwachen Kreislauf und bei Menschen, denen oft kalt ist. Sie hilft dem Verdauungssystem außerdem beim Aufspalten und Verwerten von Nährstoffen, regt den Appetit an und verbessert den Stoffwechsel. Beim Verdauungsprozess kann die Ingwerwurzel zahlreiche Symptome wie Flatulenzen, Blähungen, Krämpfe und Übelkeit lindern.

Des Weiteren ist sie ein wirkungsvolles Antimikrobiotikum, das bei Lebensmittelvergiftungen und den meisten Grippe- und Erkältungsviren helfen kann. Sie kann äußerlich angewendet Bakterien abtöten und Infektionen entgegenwirken. In Kombination mit Honig – einem ebenso wirksamen Antimikrobiotikum – ist sie unschlagbar! Dabei harmoniert die Süße des Honigs mit der wärmenden Schärfe des Ingwers und mildert diese gleichzeitig etwas ab.

Bienenwachs

Ein sauberes und goldenes Licht

Am meisten mag ich am Kerzenmachen den Duft, den die Kerzen im Haus verbreiten. Jeder, der uns besucht, äußert sich zu diesem – und die meisten Leute sind höflich genug, keine Bemerkungen über die Wachstropfen auf dem Boden, die wir als „Wachsunfälle" bezeichnen, kundzutun.

Mit seinem goldenen Glanz und Honigduft wurde Bienenwachs seit altersher als Lichtquelle im Dunkeln verwendet. Sind die Kerzen auf Ihrem Tisch aus Bienenwachs? Falls nicht, sind sie vermutlich aus Paraffin, einem Nebenprodukt von Erdöl. Paraffinkerzen geben schwarzen Rauch ab, wenn sie brennen und verschmutzen die Innenraumluft. Wenn jedoch Bienenwachs brennt, gibt es negative Ionen ab und verbessert die Luft, die Sie einatmen, indem es Staub, Gerüche, Schimmel, Bakterien und andere Toxine einfängt und neutralisiert.

Bienenwachs riecht nicht nur gut, sondern ist auch tropffrei und hat eine lange Brenndauer. Mit dem richtigen Docht kann Bienenwachs 5-mal länger als andere Wachsarten brennen.

Was ist Bienenwachs?

Es gibt nahezu 20 000 verschiedene Bienenarten, aber nur Honigbienen produzieren Wachs und benutzen es für den Wabenbau in ihrem Bienenstock – die Bienenwabe. Dort werden Nektar und Pollen gelagert, Honig produziert, und die Eier entwickeln sich zu Larven und dann zu Bienenbabys. Erstaunlicherweise ist Bienenwachs, wenn es von den Bienen produziert wird, von reinweißer Farbe und hat keinen ausgeprägten Duft. Nur durch seinen Gebrauch im Stock nimmt es seine charakteristische goldene Farbe und köstlichen Duft an.

Bienenwachs wird von den 12–18 Tage alten Arbeiterinnen produziert. Jede Arbeiterin besitzt unter ihrem Hinterleib acht Wachsdrüsen, und jede Drüse sondert ein bisschen warmes Wachs in Form eines kleinen Plättchens von der Größe eines Stecknadelkopfs ab. Andere Arbeiterinnen sammeln dieses mit ihren Kieferwerkzeugen (Mandibeln) von den Wachs produzierenden Arbeiterinnen ein und erweichen es in ihrem Mund.
Der Biene kommt die Produktion von Bienenwachs teuer zu stehen – für erzeugtes 454 g Wachs werden 3,6 kg Honig benötigt! Das ist auch der Grund dafür, warum Bienen die erstaunlich effiziente sechseckige Form bei ihrem Wabenbau verwenden. Die Sechsecke in der Bienenwabe passen perfekt zusammen, ohne jeden Zwischenraum. Bienen sind in ihrer Bauweise unglaublich präzise. Die sechs Wände des Sechsecks treffen in einem Winkel von exakt 120° aufeinander, und jede Wand ist exakt gleich breit. Die Wirtschaftlichkeit dieser Konstruktion ist seit Jahrhunderten Gegenstand zahlreicher Erwähnungen. Der griechische Mathematiker Pappus von Alexandrien (ca. 290–350 n. Chr.) bekundete, dass Bienen „einen göttlichen Sinn für Symmetrie besitzen".
Charles Darwin (1809–1882) nannte die Honigwabe „hinsichtlich der Ersparnis von Wachs und Arbeit unbedingt vollkommen".

Wie ernten Imker Bienenwachs?

Für die Imker ist Bienenwachs meistens ein Nebenprodukt der Honigverarbeitung. Bienen verdeckeln jede mit Honig gefüllte Zelle mit einem Deckel aus Bienenwachs. Um den Honig zu entnehmen, nimmt der Imker entweder ein heißes Messer, um die Wachsdeckel abzuschneiden und den darin enthaltenen Honig freizulegen, oder er zerdrückt die gesamte Wabe über einem feinmaschigen Sieb. Die Wachsdeckel und die zerdrückte Wachswabe bleiben oben auf dem Sieb liegen, während der Honig hindurchtropft und fertig zum Abfüllen ist.

Aus einer Honigwabe nutzbares Bienenwachs machen

1. Schmelzen Sie in einem speziell dafür vorgesehenen Schmelzkessel die rohe Wachswabe (A) in kochendem Wasser ein. (Achten Sie darauf, immer mehr Wasser als Wachs zu verwenden.)
2. Lassen Sie das Wachs und das Wasser vollständig abkühlen. Eventuelle Honigreste lösen sich im Wasser auf, und Feststoffe im Wachs setzen sich auf dem Grund des Wachskuchens ab.
3. Kratzen Sie die Feststoffschicht vom Boden des Wachskuchens ab.
4. Schmelzen Sie das Wachs erneut ein und verwenden Sie diesmal ein Wasserbad.
5. Sieben Sie das Wachs in eine Backform aus Silikon (C). Gut geeignete Materialien zur Verwendung als Sieb sind zum Beispiel ein altes T-Shirt, Lacksiebe aus Nylongewebe und doppellagiges Seihtuch.
6. Wiederholen Sie Schritt 5 nach Bedarf bis Ihr Wachsblock sauber ist (D)!

F&A

1. Wachs wird von 12–18 Tage alten Bienen in Form von Plättchen, die aus dem Hinterleib der Bienen abgesondert werden, produziert. Aus wie vielen Wachsplättchen wird 454 g Bienenwachs hergestellt?

a) 8000
b) 80 000
c) 800 000

2. Wie viel g Honig müssen Honigbienen verzehren, um 28 g Bienenwachs zu produzieren?

a) 56 g
b) 112 g
c) 224 g

1. ANTWORT: C / 2. ANTWORT: C

Bienenwachs und seine Verwendung im Laufe der Geschichte

Der Umriss einer Frauenfigur aus Bienenwachs auf einer Malerei der Ureinwohner Australiens, die auf 1762–1814 datiert wurde.

Bienenwachs ist eines der nützlichsten Produkte auf der Welt. Es ist essbar, formbar, wasserfest, duftet erstaunlich, brennt hell und lange … und so vieles andere mehr. Menschen verwenden Bienenwachs seit langem und dies auf überraschend vielfältige Weise.

- Eine der frühesten Aufzeichnungen über den Gebrauch von Bienenwachs stammt aus der Zahnheilkunde des Altertums; die frühesten Spuren der Zahnheilkunde wurden in Slowenien entdeckt, als Wissenschaftler einen 6500 Jahre alten gesprungenen Zahn fanden, der mit einer Bienenwachsfüllung repariert worden war.
- Fast genauso alt (3700 v. Chr.) ist die Verwendung von Bienenwachs als Dichtmittel auf der Innenfläche von Gefäßen in neolithischen Siedlungen in Bayern.
- In Ägypten wurden bereits 2830 v. Chr. Figuren von Gottheiten, Menschen und Tieren aus Bienenwachs gefunden, und in Australien wurden Bienenwachsgemälde von australischen Ureinwohnern auf Felsflächen gefunden, die bis auf das Jahr 2000 v. Chr. zurückgehen.
- Bienenwachskerzen sind seit mindestens 3500 Jahren in Gebrauch. Belege für die Kerzen sind in Grabmalereien aus dem frühen Ägypten zu finden, und ein Kerzenständer aus der Zeit etwa 1600 v. Chr. wurde in der griechischen Stadt Kreta gefunden.
- Homer beschrieb eine Anwendung für Bienenwachs in seiner *Odyssee* (ca. 700 v. Chr.); Odysseus verwendete es, um seinen Matrosen die Ohren vor dem Sirenengesang zu verschließen.
- Der griechische Arzt Hippokrates (460–375 v. Chr.) verwendete Bienenwachs als Heilmittel und empfahl besonders seine Anwendung bei Furunkeln und Abszessen.
- Im Rom der Antike beschrieb Plinius der Jüngere (100 n. Chr.) die Herstellung einer Art Laterne, indem getrocknetes Mark der Schnabelbinse in Bienenwachs getaucht wurde. Der Gebrauch von Bienenwachslichtern war im Mittelalter weit verbreitet, und weil es so sehr geschätzt wurde, benutzte man Bienenwachs als Währung, um Grundsteuern zu bezahlen.

Bienenwachs

für Ernährung, Gesundheit und Wellness

Heutzutage wird Bienenwachs in vielen Anwendungen genutzt. Die Wahrscheinlichkeit ist groß, dass Sie es täglich verwenden, ob Sie es wissen oder nicht! Es kann in Ihrer Bartpomade oder Ihrer Zahnseide vorhanden sein, auf Ihrem Käse oder in Ihren Süßigkeiten, in Ihrem Bohnerwachs oder auf Ihrem Snowboard. Nützlich, essbar und ungiftig – Bienenwachs ist überall, und das aus gutem Grund!

Bienenwachs ist sauber und ungiftig. In Kombination mit Kräuterölen sorgt Bienenwachs für eine glatte, gleichmäßige und tropffreie Verteilung der Öle auf der Haut und ist bestens geeignet zur Verwendung in Salben und Heilcremes. Die Kosmetikindustrie belegt heutzutage Platz 1 im Einsatz von Bienenwachs und verwendet es für alles, von der Handcreme bis zum Lippenstift, von Haarpflegeprodukten bis zu Wimperntusche. Platz 2 belegt die Pharmaindustrie. Da Bienenwachs essbar ist, wird es häufig als Beschichtung für Arzneimittel verwendet, die am wirksamsten sind, wenn sie vom Darm absorbiert werden. Die Beschichtung sorgt dafür, dass die Tabletten den Magen passieren, bevor sie verdaut werden. Bienenwachs wird auch in medizinisch reinen Schmiermitteln, für Cremes in pharmazeutischer Qualität und anderen Produkten verwendet.

Wenn Bienenwachs von den Bienen produziert wird, ist es vollkommen weiß und geruchlos. Seine endgültige goldene Farbe und sein Honigduft verdankt es der Einarbeitung kleiner Mengen von Pollen, Propolis und Honig in das Wachs aufgrund seines Gebrauchs im Bienenstock. Wegen dieser Inhaltsstoffe besitzt Bienenwachs auch einige der antibakteriellen, antimykotischen und antioxidativen Eigenschaften von Honig, was es zu einer besonders guten Wahl für die Gesundheit und zur Heilanwendung macht.

Projekte

Bienenwachs sieht schön aus, riecht gut und ist obendrein auch noch nützlich. Trotzdem nutzen die wenigsten Bienenzüchter das Bienenwachs ihrer Stöcke. Das liegt wahrscheinlich daran, dass man für die Verarbeitung des rohen Wachses in eine saubere und verwendbare Form viel Zeit und Hingabe benötigt. Doch wenn Sie die erforderliche Zeit bzw. gereinigtes und verwertbares Wachs zur Verfügung haben, dann ist das Arbeiten mit Bienenwachs einfach, praktisch und lustig für Jung und Alt.

Was ist „Wachsblüte“?

Auf allen Kerzen aus 100 % Bienenwachs bildet sich mit der Zeit ein weißer kreideartiger Belag. Der Grund dafür ist, dass der in den Kerzen vorhandene Zucker nach außen an die Oberfläche dringt. Dieser Belag wird auch als „Wachsblüte“ bezeichnet und ist ein Anzeichen für die Naturbelassenheit bzw. Reinheit des Bienenwachses. Er mindert weder die Qualität noch das Brennvermögen der Kerze. Manche mögen die antik wirkende texturierte Oberfläche sogar: Wenn Sie jedoch lieber glänzende Kerzen haben möchten, dann können Sie sie entweder vorsichtig mit einem Tuch (trocken oder in Öl getränkt) abwischen, mit Wasser abspülen oder mit einem Fön leicht erhitzen.

Kerze in Behälter

Egal ob ein altmodisches Glas, ein Einweckglas, ein Votivglas oder eine Orangenschale – mit dieser simplen Methode kann man wirklich jedes Behältnis in eine Kerze umfunktionieren.

Ergibt: 1 Kerze

Sie benötigen:

Bienenwachs

Ein Behältnis Ihrer Wahl (Glas, Teelichtbehälter, Votivglas, Einweckglas etc.)

Docht

Wasserbadtopf

Essstäbchen

Schere

Anleitung:

- Das Bienenwachs im Wasserbad schmelzen und etwas geschmolzenes Wachs auf den Boden Ihres Behältnisses träufeln.
- Den Docht in der Mitte des Behältnisses im geschmolzenen Wachs platzieren. Durch das abkühlende Wachs wird der Docht an Ort und Stelle gehalten.
- Noch weiter abkühlen lassen, dann den Docht in der Mitte des Behältnisses zusätzlich mit ein paar Essstäbchen absichern (siehe Abbildung).
- Nun vorsichtig das geschmolzene Wachs in das Behältnis gießen.
- Nicht ganz bis zum Rand auffüllen, damit Sie etwaige Löcher oder Risse, die beim Abkühlen entstehen, mit neuem Wachs nachbessern können.
- Risse können entstehen, wenn das Wachs zu schnell abkühlt. Es ist empfehlenswert, die Kerzen in einem warmen Raum auf einer wärmespeichernden Arbeitsfläche zu gießen.
- Wenn Sie Probleme mit Rissen haben, umwickeln Sie Ihr Behältnis mit einem Handtuch.
- Den Docht mit einer Schere auf die gewünschte Länge stutzen.

Schwimmkerzen aus Eichelhütchen

Im Herbst sammle ich oft mit meinen Kindern Eicheln, welche die Eichhörnchen uns übrig gelassen haben. Deswegen finde ich auch so oft Eicheln in der Waschmaschine, weil ich wieder mal vergessen habe, vor dem Waschen die Taschen zu leeren. Aber das macht nichts! Diese niedlichen kleinen Schwimmkerzen sind der Hit auf Feiern oder Zusammenkünften. Sie brennen zwar nicht besonders lang (je nach Größe des Eichelhütchens zwischen 10 und 20 Minuten), dafür sind sie aber besonders originell. Ich verwende sie ganz gerne als Tischdekoration an Thanksgiving.

Ergibt: unterschiedlich

Sie benötigen:

Eichelhütchen
ungekochter Reis
Schüssel
Bienenwachs
Wasserbadtopf
Docht
Schere
Dekorative Schale, gefüllt mit Wasser

Anleitung:

- Füllen Sie eine Schüssel mit Reis und betten Sie die Hütchen darin ein. Im Reis eingebettet können die Hütchen nicht kippen, wenn Sie das Wachs einfüllen.
- Das Bienenwachs im Wasserbad schmelzen.
- Ein Stück Docht in der Mitte eines jeden Hütchens platzieren und das Kerzenwachs vorsichtig in die winzigen Behältnisse einfüllen.
- Es braucht etwas Zeit und eine ruhige Hand, um diese winzigen Hütchen zu befüllen, aber mit etwas Übung sollten Sie den Dreh heraushaben.
- Den Docht mit einer Schere zurechtstutzen.
- Die Schwimmkerzen in eine dekorative, mit Wasser befüllte Schüssel setzen.

Gerollte Kerzen

Gerollte Kerzen sind wohl am leichtesten herzustellen, da man keinen Herd benötigt. Ich mache diese Kerzen gerne mit Kindern jeglichen Alters, weil es schnell geht, die Kerzen sehr schön brennen und man sie in allen erdenklichen Formen und Größen herstellen kann: dünne Kerzen für Geburtstagstorten oder dicke Stumpenkerzen. Mehrere Kerzen, mit einem schönen Band zusammengebunden, geben ein reizendes Geschenk ab – in Minuten von Hand gemacht.

Ergibt: Zwei 20 cm lange Kerzen

Sie benötigen:

1 Bienenwachsplatte (meist 20 × 40 cm)

Schere

2 Dochte, jeweils 23 cm lang

Anleitung:

- Halbieren Sie die Bienenwachsplatte, damit Sie zwei quadratische Platten von 20 × 20 cm erhalten.
- Legen Sie den Docht entlang der rauen Kante einer Platte, sodass er auf einer Seite bündig mit der Platte abschließt und auf der anderen Seite übersteht (dieser Teil des Dochtes wird dann später angezündet).
- Rollen Sie die Kerze gleichmäßig auf.
- Versuchen Sie so eng wie möglich zu rollen, ohne dass das Wachs zerbricht.
- Wenn Sie am Ende angelangt sind, verstreichen Sie die Wachskante vorsichtig mit der Kerze.
- Den Vorgang mit der anderen Platte wiederholen.
- Die Dochte stutzen.

Alternativ:

- Sie können die Kerzen so dick und hoch machen, wie Sie wollen. Es geht ganz einfach!
- Überlegen Sie sich als Erstes, wie hoch die Kerze werden soll. Da die Platten meistens die Maße 20 × 40 cm haben, bietet es sich an, eine Größe zu wählen, die durch 8 teilbar ist: beispielsweise 5 cm für Geburtstagskerzen, 20 cm für eine schöne Leuchterkerze und 10 cm für eine Stumpenkerze.
- Der Docht sollte immer 2,5 cm länger als die Kerze sein.
- Schneiden Sie die Bienenwachsplatte vorsichtig auf die gewünschte Größe zu.
- Beim Rollen der Kerze sollten Sie auf die Dicke achten. Wenn diese wie gewünscht erreicht ist, schneiden Sie die übrige Platte ab und arbeiten die abgeschnittene Kante in die Kerze mit ein. Wenn Sie eine dicke Stumpenkerze herstellen möchten, dann können Sie natürlich auch noch eine zusätzliche Platte verarbeiten, damit Ihre Kerze schön dick wird.

Selbst gemachte Gussformen

Wenn Sie einmal Ihre eigenen Kerzen-Gussformen hergestellt haben, dann werden Sie Ihre Umgebung mit anderen Augen wahrnehmen. Alles könnte eine potenzielle Kerzenform werden. Diese Frucht da wäre sicher eine interessante Kerze! Oder wie wäre es mit einem Ei? Mit einem Kinderspielzeug, einem Einmachglas, einem Stab usw.? Lassen Sie Ihrer Fantasie freien Lauf!

Ergibt: eine Gussform

Sie benötigen:

1 Stück Holz (optional)

1 langen Nagel oder Schraube (optional)

Schraubendreher oder Hammer (optional)

Kleber (optional)

Gegenstand als Gussform

Plastikbehälter, in den Ihr Gegenstand hineinpasst, ohne ihn zu berühren (beispielsweise eine viereckige Box)

Silikon zur Herstellung der Gussformen (wir verwenden OOMOO 30 Silikon-Gummi von Smooth-On)

Schere, Dochtnadel, Docht, Bienenwachs, Wasserbadtopf, Essstäbchen

Anleitung:

- Bohren Sie durch das Holz und in die Unterseite Ihres Gegenstands (die Seite, die als Kerzenboden dienen soll) und lassen Sie einen Zwischenraum von 5–7,5 cm zwischen Holz und demselben.
- Platzieren Sie Ihren Gegenstand in dem Plastikbehälter, sodass das Holzstück oben auf dem Behälter aufliegt. Achten Sie darauf, dass dieser den Behälter weder am Boden noch seitlich berührt. Falls doch, dann besorgen Sie sich einen größeren Behälter.
- Wenn Ihr Gegenstand aus einem Material besteht, das Sie nicht durchbohren können (siehe Glasbehälter auf den Fotos), kleben Sie diesen innen am Behälter fest.
- Mischen Sie das Silikonmaterial zur Herstellung der Gussformen wie auf der zugehörigen Packung beschrieben (A) und verteilen Sie es um Ihren Gegenstand herum (B). Füllen Sie den Behälter bis zum Boden Ihres Gegenstands auf, sodass nur noch dessen Spitze aus dem Silikon herausschaut. Lassen sie das Silikon vollständig aushärten.
- Nehmen Sie das nun gehärtete Silikon aus dem Behälter (C).
- Schneiden Sie mit einer Schere vorsichtig an einer Seite der Silikonform entlang, gerade ausreichend, um Ihren Gegenstand entnehmen zu können (D, E).
- Mit der Dochtnadel ziehen Sie den Docht durch die Mitte der Form.
- Schmelzen Sie das Bienenwachs im Wasserbad.
- Platzieren Sie die Form wieder im Behälter und füllen Sie den Hohlraum mit dem geschmolzenen Bienenwachs auf, während Sie den Docht mithilfe der Essstäbchen in der Mitte der Form festhalten.
- Das Wachs abkühlen lassen, und dann die Kerze aus der Form nehmen. Nun können Sie noch mehr Docht durch den Hohlraum der Form ziehen, um für den nächsten Durchgang bereit zu sein.

B

C

D

E

Welcher Docht eignet sich am besten für diese Kerzen? Jedes dieser Teelichter hat einen anderen Docht, um Unterschiede bei der Brenndauer feststellen zu können.

Der passende Docht

Mit dem richtigen Docht brennen Kerzen aus Bienenwachs bis zu 5-mal länger als Kerzen aus Paraffinwachs und tropfen auch nicht. Ist der Docht zu dünn, brennt die Kerze tunnelförmig in der Mitte durch, oder die Flamme erlischt. Bei einem zu dicken Docht brennt die Kerze zu schnell ab, sie tropft, und ihre Brenndauer verkürzt sich.

Bei der Wahl des richtigen Dochtes bieten sich Ihnen viele Möglichkeiten (es gibt über 300 verschiedene Dochte!), doch lassen Sie sich von dieser großen Menge nicht abschrecken. Atmen Sie ein paarmal tief durch, recherchieren Sie etwas und probieren Sie aus, dann werden Ihre Kerzen optimal brennen (und selbst wenn es nicht so ist, sind sie immer noch schön anzuschauen!).

Die Tabelle rechts wird Ihnen bei der Wahl des passenden Dochtes für Ihre Kerze helfen. Benutzen Sie für alle Kerzen ausschließlich geflochtene Dochte aus 100 % Baumwolle.

Empfohlene Dochtgröße	Durchmesser der Kerze
4/0	Teelicht
3/0	Standard-Votivkerze (3,8 cm Ø)
2/0	Standard-Wachskerze (2,2 cm)
#1	2,5 – 3,8 cm
#2	3,8 – 5 cm
#3	5 – 6,4 cm
#4	6,4 –7 cm
#6	7 – 8,3 cm
#7	8,3 – 8,9 cm
#8	8,9 – 10,2 cm

Selbst gezogene Geburtstagskerzen

Die Herstellung dieser Kerzen macht wirklich Spaß, deswegen ist sie bei uns zu Hause zu einer Art Ritual geworden, sobald ein Geburtstag in der Familie ansteht. Die einfache und spaßige Herstellung eignet sich bereits für Kinder ab drei Jahren (nach oben sind keine Grenzen gesetzt), und die Kerzen verleihen jeder Geburtstagstorte ihre ganz besondere persönliche Note. Man kann sie auch wunderbar an Geburtstagen oder Feiertagen verschenken.

Ergibt: 1 Kerze pro Docht

Sie benötigen:

Docht
Schere
Bienenwachs
Wasserbadtopf
Stift, Fleischspießchen oder Vergleichbares
Metallscheiben oder
Tiefer Topf mit kaltem Wasser
Pergament- oder Wachspapier

Anleitung:

- Schneiden Sie die Dochte ein paar cm länger als die gewünschte Kerzenlänge zu. Das Wachs im Wasserbad schmelzen.
- Binden Sie den Docht an einem Stift oder Fleischspießchen fest, und befestigen Sie dann eine Metallscheibe am unteren Ende des Dochtes.
- Den Docht bis zur gewünschten Kerzenlänge in das geschmolzene Wachs eintauchen.
- Danach vollständig herausziehen und ins kalte Wasser tauchen.
- Abwechselnd in Wachs und Wasser tauchen, bis die Kerze die gewünschte Dicke erreicht hat.
- Wenn nötig, den Docht nach dem ersten oder zweiten Eintauchen glätten.
- Geburtstagskerzen müssen nur wenige Male eingetaucht werden, dickere Wachskerzen entsprechend öfter.
- Normalerweise ist ein Kerzenhalter 2,2 cm breit; wenn Sie also Wachskerzen für einen Kerzenhalter herstellen möchten, dann sollten Sie sich diese Maßangabe im Hinterkopf behalten.
- Zum Aushärten die Kerzen auf das Pergament- oder Wachspapier legen oder mithilfe des Stifts zwischen zwei Stühlen aufhängen.
- Die Metallscheiben abschneiden und den Docht auf 6 mm zurechtstutzen. Viel Spaß!

Honigtopf-Laternen

Diese einfachen und wunderschönen Laternen sind eine tolle Geschenkidee, und Sie können sie mit Kindern ganz einfach nacharbeiten. Jede dieser Laternen ist einzigartig! Fortgeschrittene Bastler können ihre fertige Arbeit noch zusätzlich verzieren, indem sie Blätter oder Blüten mit einarbeiten bzw. Muster einritzen.

Ergibt: 1 Laterne

Sie benötigen:

Bienenwachs

Wasserbadtopf, groß genug für einen Ballon

Ballon

Pergamentpapier

Getrocknete Blüten und Blätter oder Seidenpapiermuster (optional)

Elektrische Pfanne (optional)

Schnitzwerkzeuge, wie sie an Halloween zum Aushöhlen der Kürbisse verwendet werden (optional)

Teelicht aus Bienenwachs oder batteriebetrieben

Anleitung:

- Bienenwachs im Wasserbad schmelzen.
- Den Ballon mit kaltem Wasser füllen.
- Größe und Form des gefüllten Ballons entsprechen später der Form Ihrer Laterne.
- Den Ballon vorsichtig bis zur Hälfte in das geschmolzene Wachs tauchen und wieder herausziehen.
- Setzen Sie den Ballon auf dem Pergamentpapier ab, damit unten eine flache Stelle entsteht, auf der die Laterne nachher sicher steht.
- Wiederholen Sie das Eintauchen und Absetzen noch mehrere Male, bis die Wände der Laterne die gewünschte Dicke erreicht haben.
- Wenn Sie Blätter oder Blüten zur Verzierung anbringen möchten, tauchen Sie diese einfach in das Wachs und drücken Sie sie anschließend vorsichtig auf die noch warme Oberfläche der Laterne. Tauchen Sie die ganze Laterne anschließend noch einmal in das Wachs, um die Verzierungen an der Oberfläche zu versiegeln.
- Sobald Ihre Laterne fertig und das Wachs abgekühlt ist, halten Sie den Ballon über ein Waschbecken, und stechen Sie mit einer kleinen Nadel vorsichtig ein Loch hinein, damit das Wasser langsam abfließen kann.
- Wenn der Ballon uneben steht, dann können Sie den Boden mithilfe der elektrischen Pfanne noch etwas mehr zum Schmelzen bringen.
- Wenn Sie möchten, können Sie das Wachs vorsichtig mit dem Schnitzwerkzeug bearbeiten.
- Ist Ihre Laterne groß genug, dann können Sie ein Teelicht hineinstellen.
- Wenn die Laterne eher klein geraten ist und Sie befürchten, dass die Flamme des Teelichts die Wände derselben zum Schmelzen bringen könnte, dann nehmen Sie einfach ein batteriebetriebenes Teelicht, um diese zum Leuchten zu bringen.

Pflanzliche Salben

Mit den folgenden Anleitungen lässt sich eine feuchtigkeitsspendende Hand- und Körpersalbe herstellen, die wir ständig neu machen und anwenden und die nach Belieben verändert und angepasst werden kann. Untenstehend finden Sie Vorschläge, welche Kräuter Sie – je nach Ihren Bedürfnissen – noch ausprobieren können.

Die Zugabe von ätherischen Ölen verleiht Ihrer Salbe nicht nur einen guten Duft, sondern kann ihre Wirkungsweise noch zusätzlich unterstützen. So wirkt z. B. Lavendel beruhigend und lindernd, Pfefferminze kühlt und ist gut gegen Kopfschmerzen, Teebaumöl wirkt antibakteriell, Rosmarin verlängert die Haltbarkeit Ihrer Salbe und Eukalyptus eignet sich hervorragend für Salben im Winter bei Verschleimung der Bronchien.

Vitamin E-haltiges Öl wirkt Hautalterung entgegen und verlängert die Haltbarkeit der Salbe.

Ergibt: ca. 270 ml

Zutaten:

Digitalwaage

240 ml Öl(e) (siehe „Geeignete Öle für Balsame und Salben" auf Seite 143)

43 g Bienenwachs

1 TL Vitamin E-haltiges Öl (optional)

Wasserbadtopf

nach Belieben ca. 60 Tropfen ätherische Öle (je nach Intensität)

Verschließbare Behältnisse

Zubereitung:

› Messen Sie mit einer Digitalwaage die Öl- und Bienenwachsmenge ab.

› Das Öl, Bienenwachs und Vitamin E-haltige Öl im Wasserbad bei niedriger Hitze und gelegentlichem Umrühren erhitzen, bis alles geschmolzen ist.

› Den Topf vom Herd nehmen, und die ätherischen Öle hinzugeben. Geben Sie zunächst eine geringe Menge hinzu und erhöhen diese nach Belieben.

› In die Behältnisse einfüllen und verschlossen an einem kühlen und trockenen Ort lagern.

Alternativ:

› **Winterübergangs-Salbe:** Eignet sich besonders für die kalte Jahreszeit. Einfach vor dem Zubettgehen auf Brust und Fußsohlen auftragen, dazu eine Mischung aus den ätherischen Ölen Eukalyptus, Pfefferminze und Rosmarin.

› **Pflegender Hand- und Körperbalsam:** Eignet sich hervorragend für den täglichen Gebrauch. Pflegt und glättet die Haut. Auch als Windelsalbe verwendbar! Nehmen Sie dazu eine Mischung aus den ätherischen Ölen Ringelblume, Wegerich und Schwarzwurz.

› **Kopfschmerzsalbe:** Bei Kopfschmerzen auf Nacken und Schläfen auftragen, dazu eine Mischung aus den ätherischen Ölen Lavendel und Pfefferminze.

› **Abendlicher Massage-Balsam:** Besonders für Kinder geeignet. Eine sanfte Körpermassage hilft allen Kindern beim Einschlafen. Die in diesem Balsam verwendeten ätherischen Öle haben entspannende Wirkung. Nehmen Sie dazu eine Mischung aus den ätherischen Ölen Lavendel, Kamille und Majoran.

› **Propolis-Wundbalsam:** Geben Sie ½ EL Propolispulver oder -extrakt hinzu und eine Mischung aus den ätherischen Ölen Rosmarin, Lavendel und Teebaum.

Der Lippenbalsam für alle Fälle

Lippenbalsam ist einfach und kostengünstig herzustellen! Das nachfolgende Rezept können Sie nach Ihrem Geschmack abändern, sodass Sie nie wieder Lippenbalsam kaufen müssen. Soll die Konsistenz des Lippenbalsams fester sein, fügen Sie etwas mehr Bienenwachs hinzu. Mögen Sie ihn lieber cremiger, nehmen Sie weniger Bienenwachs. Sie können den Balsam unparfümiert lassen oder – wegen des Geschmacks bzw. einer bestimmten Wirkungsweise – mit verschiedenen ätherischen Ölen wie Pfefferminze oder Orange versetzen. Zwei der wirkungsvollsten natürlichen Feuchtigkeitsspender sind Kakao- und Sheabutter. Kakaobutter hat einen sehr schokoladigen Geschmack und passt daher sehr gut zu ätherischem Pfefferminzöl. Sheabutter hingegen schmeckt erdig, was nicht jedermanns Geschmack ist, mir persönlich jedoch gut gefällt. Für mich harmoniert Sheabutter gut mit ätherischem Orangenöl. Wenn Sie Röhrchen als Behältnisse nehmen, ist es ratsam, zum Einfüllen einen günstigen Röhrchenhalter und eine kleine Spatel zu kaufen. Dadurch wird das Umfüllen in die Röhrchen erheblich einfacher, und mit der Spatel können Sie die Mischung oben im Röhrchen verteilen und überschüssige Reste entfernen.

Ergibt: ungefähr 25 Röhrchen à 4,2 g

Zutaten:

12 EL (180 ml) verschiedene Öle (wir nehmen 1 EL (15 ml) Rizinusöl, 8 EL (120 ml) süßes Mandelöl und 3 EL (45 ml) Olivenöl)

4 EL (60 g) Bienenwachs

4 EL (60 g) Kakao- oder Sheabutter

Digitalwaage

Wasserbadtopf

25 Tropfen ätherische Öle wie z. B. Pfefferminze, Orange oder Teebaum (optional)

Verschließbare Behältnisse

Wenn Sie Röhrchen benutzen, einen Halter und eine kleine Spatel

Zubereitung:

› Mit der Digitalwaage Öl-, Bienenwachs- und Kakaobuttermenge abwiegen. Bei geringer Hitze im Wasserbad erwärmen und gelegentlich umrühren, bis alles geschmolzen ist.

› Den Topf vom Herd nehmen und die ätherischen Öle hinzugeben. Beginnen Sie zunächst mit einer geringen Menge und erhöhen Sie diese nach Belieben.

› In die Behältnisse einfüllen. Benutzen Sie hierfür den Röhrchenhalter und den Spatel. Viel Freude beim Verwenden und Verschenken!

Kräuteröle

Kräuteröle sind einfach herzustellen und vielseitig nutzbar. Mit Knoblauch und Rosmarin versetztes Öl macht sich z. B. hervorragend fürs Abendessen, während man andere Kräuter wegen ihrer Heilwirkung in Salben und Lotionen verwendet.

Ergibt: 2–3 Tassen (475–710 ml)

Zutaten:

2–3 Tassen getrocknete Kräuter (siehe nächste Seite. Wichtig ist, dass Sie getrocknete Kräuter verwenden, weil durch frische Pflanzen das Öl ranzig wird.)

1 1-Liter-Einweckglas

Genug Öl, um die Kräuter damit ganz zu bedecken (5–8,5 cm) (siehe „Öle für Balsame und Salben“ auf der rechten Seite; wir verwenden meist natives Olivenöl extra)

Essstäbchen

Wasserbadtopf (optional)

Zubereitung:

- Die getrockneten Kräuter in ein sauberes Einmachglas geben.
- Diese vollständig mit Öl übergießen, sodass oben am Glas noch ein wenig Platz übrig ist, da sich die Kräuter noch ausdehnen, wenn sie sich mit Öl vollgesogen haben.
- Mit dem Essstäbchen gut umrühren, sodass die Luft in den Pflanzenteilen entweicht.
- Verschließen Sie das Glas mit einem Deckel, bewahren Sie es an einem warmen und sonnigen Fenster auf, und rühren Sie täglich um.
- Mit der Zeit wird das Öl die Farbe der Kräuter annehmen. Nach 3–5 Wochen ist Ihr Öl fertig!
- Sieben Sie die Kräuter aus dem Öl und lagern Sie es an einem kühlen und lichtgeschützten Ort. Die Haltbarkeit beträgt ca. 1 Jahr.

Alternativ:

- Wenn Ihnen mehrere Wochen Wartezeit zu lange sind, dann können Sie das Kräuteröl auch einfach über Nacht auf dem Herd zubereiten.
- Füllen Sie den Wasserbadtopf mit Wasser und stellen Sie das verschlossene Einmachglas hinein.
- Erwärmen Sie das Öl auf dem Herd vorsichtig 1–2 Stunden (Wassertemperatur nicht über 60 °C).
- Lassen Sie das Einmachglas im warmen Wasser über Nacht ruhen. Am nächsten Morgen noch einmal 1–2 Stunden aufwärmen.
- Das Glas aus dem Wasser nehmen, das Öl abkühlen lassen und die Kräuter heraussieben. Lagerung wie oben beschrieben.

Öle für Balsame und Salben

Aprikosenöl

Leicht, angenehm und stark feuchtigkeitsspendend. Es eignet sich hervorragend als Massageöl für Menschen mit empfindlicher Haut. Es hinterlässt keine öligen Rückstände auf der Haut!

Rizinusöl

Wirkt antimikrobiell und antimykotisch. Ich verwende es in fast jedem meiner selbst gemachten Öle. Am besten man verdünnt es mit anderen Ölen, da es sehr dickflüssig ist. Rizinusöl ist außerdem gut für die Haut, ohne dabei die Poren zu verstopfen, vor allem, wenn es im Gesicht angewendet wird.

Kokosnussöl

Sehr stark feuchtigkeitsspendend, allerdings sollte man es nicht bei fettiger Haut anwenden. Außerdem nicht geeignet zur Gesichtspflege. Wird so gut wie nie ranzig und hält sich sehr lange.

Jojobaöl

Für alle Hauttypen geeignet, besonders bei Haut, die zu Akne neigt, da es überschüssiges Fett auf der Haut abbaut. Es ist außerdem reich an Vitamin E und hat eine lange Haltbarkeit.

Olivenöl

Für alle Hauttypen geeignet, besonders wirkungsvoll bei Nuss- und Pollenallergien. Wir benutzen es recht häufig, es nimmt jedoch andere Stoffe nicht so gut auf.

Sonnenblumenöl

Pflegt und macht die Haut weicher, ohne dabei die Poren zu verstopfen. Reich an Vitamin A, B, D und E.

Süßmandelöl

Sorgt für weiche Haut und verbessert das Hautbild. Reich an Vitamin E, lange haltbar.

Empfohlene Kräuter für Öle

Arnika

Hilft bei verletzungsbedingten Schmerzen wie beispielsweise Prellungen, Muskelschmerzen, Verspannungen und Schwellungen.

Ringelblume

Bei Hautirritationen, Schürfwunden, Schnitten und Ausschlägen.

Kamille

Wirkt schmerzlindernd bei Hautabschürfungen, Schnittwunden und Kratzern.

Schwarzwurzblätter

Beschleunigt den Heilungsprozess bei Knochen- und Muskeltraumata. Hilft bei verletzungsbedingten Schmerzen und Schwellungen.

Ingwer

Extrem wärmend. Hilft bei Muskelkater und eignet sich gut zum Einreiben im Winter.

Lavendel

Wirkt beruhigend und antibakteriell; hilft bei Verbrennungen, Schnitt- und Kratzwunden.

Wegerich

Wirkt entzündungshemmend. Hilft außerdem bei der Behandlung von Sonnenbrand, Insektenstichen, giftigem Efeu, Ausschlägen, Verbrennungen, Blasen und Schnittwunden.

Johanniskraut

Wirkt antibakteriell und beschleunigt den Heilungsprozess bei Schnitt- und Kratzwunden sowie Prellungen. Hilft außerdem bei Nervenschmerzen und Juckreiz nach Insektenstichen.

Schafgarbe

Beschleunigt den Heilungsprozess bei Hautverletzungen und hilft außerdem bei Schwellungen sowie Blutungen.

Nachwort

Sind die Bienen in Schwierigkeiten?

Eine der häufigsten Fragen, die mir bei Vorträgen über Bienen gestellt werden, lautet „Sind die Bienen in Schwierigkeiten?" In den letzten Jahren gab es einen großen Medienrummel um das „Bienensterben" – den jüngsten dramatischen Rückgang an Honigbienenvölkern in den USA und weltweit. Und das aus gutem Grund – Bienen sind wichtig! Abgesehen von dem einfachen Wert ihrer faszinierenden und pelzigen Existenz ... sind sie entscheidend für unsere Landwirtschaft und unsere Gesamtwirtschaft.

2006 erlebten Imker im ganzen Land ein albtraumhaftes Phänomen: Fast alle Bienen in scheinbar gesunden florierenden Völkern verschwanden plötzlich von einem Tag auf den anderen und hinterließen lediglich eine sehr einsame Königin. Dieses als „Bienensterben" bezeichnete Verschwinden der Bienenvölker im ganzen Land führte in jenem Jahr zum Niedergang von rund 24 % der Imkereien des Landes. Dies wiederum führte zu beträchtlichen wirtschaftlichen Einbußen nicht nur für die Imker, sondern auch für die Landwirtschaft, die stark von den Bestäubungsleistungen der Bienen abhängig ist. Alarmierte Wissenschaftler und Behörden versuchten herauszufinden, was eigentlich los war. Die Theorien reichten vom Pestizideinsatz bis zum Klimawandel, von elektromagnetischer Strahlung zu genetisch veränderten Feldfrüchten und mehr. Wir wissen immer noch nicht, warum das Bienensterben plötzlich aufgetreten ist oder was genau die Ursachen waren. Aber es hat den Anschein, dass genau dieses Phänomen – ein Volk, das ganz plötzlich und ohne Vorwarnung verschwindet, ohne Spuren zu hinterlassen – weitgehend vorüber ist. In den letzten paar Jahren wurden über keine Fälle von Bienensterben berichtet.

Das Bienensterben ist vielleicht vorbei, aber die Herausforderungen für die Honigbienen sind es nicht. Es zeigt sich, dass Honigbienenvölker seit den 1950er-Jahren im Niedergang begriffen sind – ein langsamerer, weniger dramatischer Niedergang als das rätselhafte Bienensterben, aber genauso vernichtend für Imker und Bienenvölker. Landesweit haben Bienenvölker seit den 1950er-Jahren schätzungsweise um 50 % abgenommen, und Imker werden nach wie vor von starken Winterverlusten heimgesucht. Tatsächlich starben im Winter 2015/2016 44 % aller Bienenvölker in den USA – eine vernichtende Zahl.

Warum? Es scheint, dass mehrere Faktoren zusammenkommen und den Honigbienen das Leben schwermachen. Die 1950er-Jahre läuteten den Beginn der kommerziellen Landwirtschaft und die Zunahme an Monokulturen ein – riesige Flächen, auf denen nur eine Kultur gepflanzt wird, was die natürlichen Sammelmöglichkeiten der Bestäuber stark einschränkt. Hand in Hand mit der kommerziellen Landwirtschaft nahm auch die kommerzielle Imkerei zu; da große landwirtschaftliche Flächen kein natürliches Habitat mehr für die Bestäuber sind, werden Imker dafür bezahlt, ihre Bienen vorübergehend auf die Flächen umzusiedeln, auf denen die jeweilige Kultur in Blüte steht. Dies ist der Fall bei Heidelbeeren in Maine, Preiselbeeren in Massachusetts, Orangen in Florida, Mandeln in Kalifornien und andernorts im ganzen Land. Das Leben auf der Straße entspricht nicht der Natur der Bienen, und die Belastung durch das Reisen schwächt die Fähigkeit der Bienen, Parasiten und Krankheiten abzuwehren. In dieser Zeit des Bienenrückgangs war auch ein deutlicher Anstieg des Pestizideinsatzes zu verzeichnen, darunter auch von Neonicotinoiden (Insektiziden), die sich im Bienenstock anlagern und so das Nervensystem der Bienen schädigen und ihre Fähigkeit zum Sammeln und Fliegen beeinträchtigen.

Gegen Ende 2016 wurden buchstäblich Millionen von Honigbienen durch Versprühen des Pestizids Naled (Nervengift) aus der Luft zur Bekämpfung des Zika-Virus vergiftet. Das Versprühen fand in South Carolina statt, wo keine Zika-übertragende Mücke bisher gefunden wurde. Durch die Klimaerwärmung, die zu einer längeren „Mückensaison" in den Städten im ganzen Land führt und die Ausbreitung von durch Mücken übertragenen Krankheiten wie dem Zika- und West-Nil-Virus wird diese Art des Sprühens vermutlich zunehmen. Meine Hoffnung ist, dass die Imker mit der Bundesregierung und den örtlichen Gemeinden Bestimmungen über die Anwendung starker Nervengifte wie Naled erarbeiten, damit Bestäuber, die Gesundheit der Menschen und die Umwelt gleichermaßen geschützt werden.

Wenn das Bienensterben etwas Gutes hatte, dann dass die Regierung, Wissenschaftler und die Öffentlichkeit angesichts des drohenden Untergangs der Honigbienen ihrer Bedeutung Aufmerksamkeit schenkten. Bienen bestäuben einen von drei Bissen Nahrung, die wir essen – über 100 Obst- und Gemüsearten, auf die wir angewiesen sind, um unsere Obst- und Gemüseabteilungen in den Läden und unsere Kühlschränke zu bestücken. Und nach einem Informationsblatt des Weißen Hauses mit der Überschrift „Die wirtschaftliche Herausforderung, die sich durch abnehmende Bestäuberpopulationen stellt" (The Economic Challenge Posed by Declining Pollinator Populations) tragen Bestäuber mehr als 24 Milliarden USD zur Gesamtwirtschaft des Landes bei; davon entfallen über 15 Milliarden USD auf die Honigbienen durch ihre Bestäubungsleistungen.

Bienen sind also möglicherweise nicht dem Untergang geweiht, aber sie sind nach wie vor in Schwierigkeiten, und wir müssen weiterhin aufmerksam bleiben, auch wenn das rätselhafte Bienensterben scheinbar hinter uns liegt. Wir brauchen mehr Lebensräume für die Bestäuber auf und zwischen den einzelnen Ackerflächen, weniger (und sichereren) Einsatz von Pestiziden und mehr Mittel zur Erforschung der Gesundheit von Bestäubern. Wie wäre es, anstelle von Agrarsubventionen für kommerzielle Landwirtschaftsbetriebe, die Mais und Soja anbauen, Landwirten wirtschaftliche Anreize dahingehend zu bieten, Lebensräume für Bestäuber zu schaffen?

Und schließlich müssen wir die Imker in der Region und die Kleinimker unterstützen, die für ihre Bienen sorgen, ihre Nachbarschaft bestäuben, uns zu gesunden und köstlichen Bienenprodukten verhelfen und bei Nachbarn und Freunden ein gutes Wort für die Bienen einlegen.

Bezugsquellen

Bernhard Altmann
Strauchgasse 2
A-4482 Ennsdorf
altmann.bernhard@aon.at
Bienenwachs, eigene Wachsverarbeitung, Mittelwände, Imkereibedarf

Apopharm
Im Altenschemel 52
D-67435 Neustadt
www.apopharm.de
Bienenwachs, Kosmetikzubehör

Anita Böhler
Horbach 16
D-79875 Dachsberg
anita.boehler@web.de
Eigene Wachsverarbeitung, Bienenwachs, Mittelwände, Kerzenzubehör, Imkereibedarf

Exagon AG
Bernerstr. Nord 210
CH-8064 Zürich
Deutschland:
Industriepark 202
D-78244 Gottmadingen
www.exagon.ch
Bienenwachs, Kerzenzubehör, Wachsschmelzbehälter

Hamann (Hobby Kreation)
Fabrikstr. 6
D-67454 Hassloch
www.kerzenbasteln.de
Eigene Wachsverarbeitung, Bienenwachs, Mittelwände, Kerzenzubehör, Imkereibedarf

Holtermann
Scheesseler Str. 12
D-27386 Brockel
www.holtermann.de
Mittelwände, Bienenwachs, Kerzenzubehör, Wax-Press-Boy, Imkereibedarf

Imkerhof Linz
Pachmayrstr. 57
A-4040 Linz
www.bienenladen.at
Bienenwachs, Mittelwände, Kerzenzubehör, Imkereibedarf, Kosmetikverpackungen, Lippenstifthülsen

Kerzenidee
Horwagener Str. 29
D-95138 Bad Steben
www.kerzenidee.de
Bienenwachs, Kerzenzubehör

Bienen Maier
Inh. Heinrich Schilli
Herrenberg 4
D-77716 Haslach i.K.
Bienen-Maier.Haslach@t-online.de
Eigene Wachsverarbeitung, Wachsumtausch, Mittelwände (auch rückstandsarm), Bienenwachs, Imkereibedarf

Meine Kosmetik
Inh. Sandra Ann Paul
In der Kirchenwies 10
D-54441 Kanzem
www.meinekosmetik.de
Kosmetikzubehör, Kosmetikverpackungen, Lippenstifthülsen und -Formen

Rietsche GmbH
Kinzigstr. 1
D-77781 Biberach
www.rietsche.de
Wachsschmelzer, Wachspressen, Mittelwandmaschinen

Dipl.-Ing. Roland Weber
Trebitz Nr. 65B
D-07554 Trebitz
www.bienenweber.de
Bienenwachs, Mittelwände, Kerzenzubehör, Imkereibedarf

Adressen

Deutscher Imkerbund (DIB) e. V.

Villiper Hauptstraße
3 53343 Wachtberg
www.deutscherimkerbund.de

„Zweck des Deutschen Imkerbundes e. V. ist es, die Bienenhaltung zu fördern und zu verbreiten, damit durch die Bestäubungstätigkeit der Honigbiene an Wild- und Kulturpflanzen eine artenreiche Natur erhalten bleibt." So steht es in der Satzung des D.I.B. Die enge Verflechtung von Naturschutz und der Wahrung imkerlicher Interessen schafft die Voraussetzungen für ein unverfälschtes und hochwertiges Produkt. Er vertritt die Interessen aller organisierten Imker. Unter anderem stellt er Informationen über wissenschaftliche Ergebnisse zur Verfügung, bietet Fortbildungen an und berät auf allen Gebieten der Honiggewinnung und -vermarktung.

Apimondia

Corso Vittorio Emanuele 101
I-00186 Rom/Italien
www.apimondia.org

Apimondia ist der Internationale Verband der Bienenzüchtervereinigungen mit Sitz in Rom. Er fördert wissenschaftliche, ökologische, soziale und wirtschaftliche Bienenzucht und Imkerei in allen Ländern.

International Bee Research Association (Internationaler Bienenforschungsverband, IBRA)

91 Brinsea Road
Congresbury, Bristol BS49 5JJ/GB
www.ibrabee.org.uk

IBRA ist der weltweit führende Anbieter von Informationen und Informationsdienstleistungen wie Datenbanken, Fachzeitschriften, Lehrmittel usw. über Bienenwissenschaft und Bienenhaltung zur Aufklärung über die Bedeutung der Bienen.

Literatur

Frank, R. (2005): Honig. Köstlich und gesund. Verlag Eugen Ulmer, Stuttgart

Gekeler, W. (2006): Honigbienenhaltung. Verlag Eugen Ulmer, Stuttgart

Kohfink, M.-W. (2010): Bienen halten in der Stadt. Verlag Eugen Ulmer, Stuttgart

Kohfink, M.-W. (2011): Bienenprodukte erfolgreich verkaufen. Verlag Eugen Ulmer, Stuttgart

Lampeitl, F. (2009): Bienenbeuten und Betriebsweisen. Imker-Praxis. Verlag Eugen Ulmer, Stuttgart

Schroeder, A. (2012): Feines aus Honig, Pollen, Propolis. Verlag Eugen Ulmer, Stuttgart

Seeley, T. D. (2010): Honeybee Democracy. Princeton University Press, Princeton

Spürgin, A. (2008): Die Honigbiene: Vom Bienenstaat zur Imkerei. Verlag Eugen Ulmer, Stuttgart

Spürgin, A. (2010): Bienenwachs: Gewinnung – Verarbeitung – Produkte. Imker-Praxis. Verlag Eugen Ulmer, Stuttgart

Tautz, J., Heilmann, H. R. (2009): Phänomen Honigbiene. Spektrum Akademischer Verlag, Heidelberg

Danksagung

Mein Dank gilt meinen Eltern und meiner Grundschule, der Miquon School, dass sie mich bereits in jungen Jahren ermutigt haben, meine Passion im Leben zu finden und ihr zu folgen, und dass sie in mir einen Sinn für die Wunder der Natur und die Bereitschaft geweckt haben, Chaos zu verbreiten, kreativ zu sein, meine Hände zu benutzen und mich zu freuen, wann immer sich die Gelegenheit dazu bietet. Danke auch an meine Familie für ihr begeistertes Ausprobieren von Rezepten und Basteleien und ihre Geduld mit ständig klebrigen Flächen und ihre gelegentlichen Nickerchen, sodass ich schreiben konnte. Meine besondere Wertschätzung gilt meinen Mentoren und Kollegen in der Anfangszeit meiner Bienenleidenschaft, insbesondere Jean-Claude Bourrut, Matt Smith und Sadie Brown sowie meinen Mentoren in der Kräuterheilkunde an der Boston School of Herbal Studies. Unglaublich dankbar bin ich auch dem ausgezeichneten Team bei Quarry Books, dass sie mit mir an diesem Projekt gearbeitet haben.

Es war so ein Vergnügen, an diesem Projekt mit meinem Cousin, dem talentierten Fotografen Graham Burns, zusammenzuarbeiten. Graham und ich schätzen uns glücklich, mit einer Familie gesegnet zu sein, die Freunde sind und mit Freunden, die Familie sind.

Schließlich und am wichtigsten – danke an die Bienen!

Über die Autorin

Stephanie Bruneau ist Imkerin, Umweltpädagogin, Kräuterheilkundlerin, Künstlerin, Hausfrau und Mutter. Sie ist die Eigentümerin von „The Benevolent Bee" (www.thebenevolentbee.com), einem Kleinunternehmen, das Honig, Bienenwachskerzen, Körperpflegeprodukte aus Kräutern sowie andere handgefertigte Produkte und Bienenprodukte verkauft. Am „Lehrbienenstand The Benevolent Bee", etwas außerhalb der Stadtgrenzen von Philadelphia, Pennsylvania, gelegen, beobachtet Stephanie Bruneau die Bienen, lernt von ihnen und unterrichtet Schüler und Studenten jeden Alters über Bienen und Bienenverhalten.

Wenn sie nicht gerade mit den Bienen arbeitet oder Kerzen gießt, findet man Stephanie, wie sie mit Clara (fünf, deren zweites Wort Biene war) und mit Atticus (drei, der im Alter von vier Wochen mit seiner Mutter unter ihrem Imkeranzug oben im Baum war, um einen Honigbienenschwarm einzufangen) in Matschpfützen herumstapft.

Register

Q

R

S

T

U

V

W

Z